高績效獲利團隊

優化合作流程＋提升心理安全感
＝高效學習、有效產出的永續成長團隊

High-Impact Tools for Teams

5 Tools to Align Team Members, Build Trust, and Get Results Fast

作者 史提凡諾 · 馬斯楚齊亞科莫 Stefano Mastrogiacomo
亞歷山大 · 奧斯瓦爾德 Alex Osterwalder

設計 亞倫 · 史密斯 Alan Smith
翠西 · 帕帕達科斯 Trish Papadakos

譯者 葉妍伶

 三民書局

「管理就是在管人。首要之務是要讓人能一起發揮表現。」

管理思想大師　彼得·杜拉克 (Peter Drucker)

目次

精華要領

為什麼團隊會表現不佳？

如何獲得更好的結果？ p. 12

1

團隊校準指南

這是什麼、怎麼用？

2

將指南付諸行動
如何運用團隊校準指南？

3

團隊成員間的信任感
創造高度信任的氣氛、提升心理安全感的
4 項工具。

4

更深入
認識本書和各項工具背後的科學。

前言

艾美‧艾德蒙森 (Amy Edmondson)

如果你在帶領團隊，或即將要帶領團隊，那這本書最好隨時放在手邊。現在多數領導人都知道他們的組織非常依賴團隊來加速創新與數位化的進程、處理千變萬化的客戶需求、面對全球疫情、社會動盪與經濟蕭條等干擾進度的突發事件。

光是組成團隊還不能保證會成功。團隊常常失敗。剛開始的時候目標很有意義，也有對的人來完成，還有足夠的資源，可是許多團隊儘管配備了不容否定的實力，卻一而再、再而三地苦於無法發揮潛能。

協調的時候失準、無效的會議、沒有產能的衝突和團隊機能失效，都會導致挫折感、進度延遲和有瑕疵的決定。研究中，這些因素為「流程損失」——可以說明輸入項目（技能、目標和資源）與結果（團隊表現或成員滿足感）之間的落差。就算團隊好像能完成工作，他們的表現還是不盡理想——可能很保守、不夠創新；或因為過勞、壓力與團隊離心的程度嚴重而付出代價。

其實不必這樣。

本書作者史提凡諾‧馬斯楚齊亞科莫 (Stefano Mastrogiacomo) 和亞歷山大‧奧斯瓦爾德 (Alex Osterwalder) 讓我們看到團隊只要用幾個簡單有效的方式就能成功。他們提供了一本操作手冊，讓所有團隊都可以走上充分參與、有效衝突與持續進展的道路。配上生動的插畫、好用的工具與考慮周到的活動流程，團隊可以用來避免可預期的各種問題（或從問題中復原），這書就是無價的資源。我一直相信簡單的工具可以刺激團隊的行為，朝正確的方向前進，帶來協力的效用。這本書裡有滿滿的道具——各種活動和指引，能協助各種團隊。

不過，本書威力最強大的地方在於強調團隊流程與心理氛圍。多數作者只強調其一，教讀者一步步管理團隊專案，或說明心理安全感的氛圍如何鼓勵成員學習、創新。

這本書裡有簡單的工具，雙管齊下。如果因為團隊氣氛很差，讓人無法當眾發言，那麼創新的過程必然受阻、問題會滋生，最後導致重大失敗。可是創造心理安全感，這個目標聽起來很難捉摸，尤其是團隊領導人必須提出成果而背負壓力的時候。

史提凡諾‧馬斯楚齊亞科莫和亞歷山大‧奧斯瓦爾德以我的研究為基礎，搭配了其他人提供的豐沛資源，解開了謎團，讓人知道怎麼追求健康的團隊文化——並手把手帶我們去創造出來。光是這一點，就讓我對本書興奮不已。這本書帶來了新能量與新工具，讓團隊成員都能投入能量和專業，這樣一來我們就能打造出21 世紀的堅強團隊。

團隊合作一直都充滿挑戰，現在的領導人能取得實用、好用的工具來讓團隊順利運作。採用這些工具且熱情積極的領導人就能做足準備，建構出企業需要且員工想要的團隊。

艾美‧艾德蒙森
寫於哈佛商學院，麻省劍橋

啟發本書的 7 位偉大思想家

賀伯特・克拉克
Herbert Clark

賀伯特・克拉克是史丹佛大學的心理學教授與心理語言學家,他研究人類協作時如何運用語言,為本書奠下了基礎。他以互相理解與共同活動協調為主題的研究啟發了**團隊校準指南** (Team Alignment Map) 的設計。

無法接受

可接受

亞倫・菲斯克
Alan Fiske

亞倫・菲斯克是加州大學洛杉磯分校的心理人類學教授。他以人際關係與跨文化差異為主題的學術工作打破了我們對於「社交」的理解,催生了**團隊合約** (Team Contract)。

伊夫・比紐赫
Yves Pigneur

伊夫・比紐赫是瑞士洛桑大學的管理與資訊系統教授。他的學術工作著重於設計思考與工具設計,原本理論與實務有道難以跨越的鴻溝,但比紐赫教授的研究提供了一座橋梁。若沒有他概念上的支持與指導,本書和書中所有的工具都不會存在。

艾美・艾德蒙森
Amy Edmondson

艾美・艾德蒙森是哈佛商學院的領導與管理學教授。書中的四項外掛工具能整合,就是受了艾德蒙森教授的影響,她的學術工作著重於團隊內的信任感,尤其是成員之間心理安全感的概念。她的研究讓我們能深入體會信任感在跨職能團隊合作時的影響力,以及信任感如何刺激創新。

史蒂芬・平克
Steven Pinker

史蒂芬・平克是哈佛大學的心理學教授。他在心理語言學與社交關係等領域的研究，尤其是利用間接語言與禮貌的請求來進行合作型賽局，讓我們設計出**尊重卡 (Respect Card)**。他近期關於共識的學術工作形塑了我們未來的發展。

法蘭絲瓦・庫里爾斯基
Françoise Kourilsky

法蘭絲瓦・庫里爾斯基是心理學家與擅長改變管理的教練。她率先在組織管理變化的過程中導入了系統思維與心理治療技巧，並且和加州心理研究所的保羅・瓦茲拉威克 (Paul Watzlawick) 直接合作。幸虧有她，我們才有了**釐清事實法 (Fact Finder)**，重新詮釋了她的「語言羅盤」。

馬歇爾・盧森堡
Marshall Rosenberg

馬歇爾・盧森堡是心理學家、調解人，也是位作家。他成立了非暴力溝通中心，並且在全球擔任和平使者。他的研究以解決衝突的語言和同理心溝通為主，啟發了**非暴力要求法 (Nonviolent Requests Guide)**。

Strategyzer 系列叢書

我們相信簡單、實用的視覺工具可以讓一個人、一支團隊或他們的組織戰力劇變。現存的企業一直要面對干擾的威脅，又擔心自己無法與時俱進，可是新的商業構想又會失敗。每年都有許多企業因為根本的議題不明確、不一致而損失大量時間與金錢，這實在讓人無法接受。我們的每一本書都有為特定目標而打造的工具和流程，可以因應不同的挑戰。這些挑戰互相牽連，所以我們細緻甚微地設計了不同的工具，可以獨立使用也可以互相整合來創造全世界統合度最高的策略與創新工具組。取閱其中一本，或整套並用都行，不管你怎麼做都會看到成果。

strategyzer.com/books

《獲利世代》

擁有遠見卓識、能改變局勢或承接挑戰的人，只要擁有這本操作手冊，就能對抗過時的商業模式，設計出明日的企業。本書陪你適應艱困的新現實，領先所有挑戰者。

《價值主張年代》

因應所有企業的核心挑戰——創造出消費者無法不買的產品與服務。找出可以重複的流程與正確的工具來創造自帶業績的產品。

《商業構想變現》

書中提供了 44 種實驗，系統
性地測試你的商業構想。結合
商業模式圖、價值主張圖、預
設圖與其他強大的精實創業工
具。

《戰無不勝的公司》

同時管理各種現有的企業組織，並
探索進行中的新潛在成長引擎。書
中有實用且必備的工具，包括業務
組合圖、創新量表、文化圖和眾多
商業模式模型。

《高績效獲利團隊》

5 種威力強大的團隊合作與改
革管理工具，讓讀者能成功地
執行新商業模式。運用團隊校
準指南、團隊合約、釐清事實
法，尊重卡和非暴力要求法，
讓每個創新專案都成功。

精華要領

為什麼團隊會表現不佳？
如何獲得更好的結果？

「談話即領導術。」

策略家　珍妮・利特卡 (Jeanne Liedtka)

我們的人員都是最頂尖的。

那···我們怎麼會有這些問題？

你上次樂於在團隊中貢獻是什麼時候？

美國企業為了沒必要的會議所付出的薪資高達

美金 370億

Atlassian*

50%

的會議都讓人覺得毫無產能且浪費時間

Atlassian*

29%

的專案能成功。

Chaos Report, The Standish Group, 2019

75%

的跨職能團隊都失能了

Behnam Tabrizi, "75% of Cross-Functional Teams Are Dysfunctional," *Harvard Business Review*, 2015

10%

的團隊成員知道團隊裡有誰
（樣本為 120 支團隊）。

Diane Coutu, "Why Teams Don't
Work," *Harvard Business Review*,
2009

66%

的美國員工不投入或積極地
不參與工作。

Jim Harter, Gallup, 2018**

95%

的企業員工都不知道或不懂
企業策略。

Robert Kaplan and David Norton,
"The Office of Strategy Management,"
Harvard Business Review, 2005

1/3

的附加價值合作案來自 3%
至 5% 的員工

Rob Cross, Reb Rebele, and Adam
Grant, "Collaborative Overload,"
Harvard Business Review, 2016

*　"You Waste a Lot of Time at Work,"　Atlassian, www.atlassian.com/time-wasting-at-work-infographic
**　"Employee Engagement on the Rise in the U.S.,"　Gallup, news.gallup.com/poll/241649/employee-engagement-rise.aspx

為什麼團隊會表現不佳？

若團隊成員圍繞著彼此工作而不是和大家一起工作，團隊的表現就無法發揮水準，
若團隊氛圍不安全或是團隊活動很不一致，就會出事。

圍繞著別人工作很累。無盡的會議和暴增的預算只獲得差強人意的結果，通常都是因為團隊氣氛很差，多數成員都在高壓下工作，或覺得孤單、不快樂。根據調查的結果，這就是多數團隊成員的日常生活，完全沒誇飾。

我們能做的不只是在他人周圍工作。我們可以和大家一起工作，我是說真的。在這情況下，我們可以帶著熱情完成幾乎不可能的任務。我們或許不見得能在當下明白，可是我們在體驗的就是「高績效團隊」，這是別人以後見之明創造出來的名詞，因為好成績慢慢堆出來了。

我們這兩種團隊都經歷過，這本書囊括了我們這 20 年來的心得。最重要的心得就是能不能一起成功或失敗端賴於我們如何管理我們日常的互動，特別是在這兩個層次上：

· 團隊活動：為了讓雙方更清楚明確而執著——任務是什麼？誰做什麼？大家都清楚？

· 團隊氣氛：謹慎地培養出以信任感為基礎的強韌關係。

我們相信團隊，也相信工具。這就是為什麼我們花了 5 年來設計和改良各種工具，實現我們的目標。這些工具能協助團隊成員改善：

· 團隊活動，因為團隊能更一致。
· 團隊氣氛，因為建立了具備心理安全的工作環境。

現今的世界緊密相連，帶來了複雜的挑戰，只有團隊能處理。我們正在經歷一連串驚人的變革：改變局勢的科技和前所未見的封城政策都在顛覆產業。組織必須創新，並且以前所未聞的節奏來實現，對我們來說，團隊就是基石。過去從來沒有這麼強烈的需求，要我們重新檢視共同合作的方式。

充滿遠見的彼得·杜拉克很久以前就說過：最關鍵的問題並非「我該怎麼完成？」而是「我可以貢獻什麼？」我們再同意不過了。團隊校準指南和書中的其他工具協助我們更能在團隊裡貢獻，希望也能幫你，每天都派上用場。

聯合任務

不安的團隊氣氛
團隊氣氛不好時有這些徵兆

· 同事和團隊之間缺乏信任

· 內部競爭

· 無心工作

· 缺乏認同

· 恐懼：很難說出自己的想法

· 過度合作

· 失去合作的樂趣

團隊活動不一致
團隊活動不一致時有這些徵兆

· 不確定誰要做什麼

· 在無盡的會議裡喪失了寶貴的時間

· 工作進度太慢

· 優先要務一直改動，沒有人知道為什麼

· 專案重複或重疊

· 團隊成員之間沒有交換資訊或整合

· 很多工作的成果都差強人意，效果有限

沒校準的團隊，活動會卡住

具體說來，校準就是透過溝通建立共同基礎、共識、共同理解、互相理解（在這本書裡這些都是同義詞——詳見第 4 章〈更深入〉，p. 264）。共同基礎讓團隊成員可以預期別人的行動，根據一致的期待和預測來採取行動。這個共同的基礎愈堅實肥沃，團隊成員之間互相的預測就愈準確，整體執行的成效也愈好，因為勞務可以無縫分工，每個人所負責的部分又能持續整合。有意思的是，對話——面對面的談話——仍是地球上要打造共同基礎時最有效的技術。

Herbert H. Clark, *Using Language* (Cambridge University Press, 1996). Simon Garrod and Martin J. Pickering, "Joint Action, Interactive Alignment, and Dialogue," *Topics in Cognitive Science* 1, no. 2 (2009): 292-304.

團隊如何校準

校準成功

團隊達成的每件事，不管是要辦派對或打造一架飛機，都是團隊校準的副產品。校準的過程中要匯整每個人的貢獻，達成共同目標，讓每個人都受惠，這會改變每個人作事的方式，讓大家都能成功順利地為團隊貢獻。和獨自工作相比，在團隊裡工作需要更多心力；團隊成員不但要完成自己分內的工作，還必須要持續同步進度，這樣才能完成自己一個人辦不到的（更大的）目標。

為了共同成果合作

校準失敗

若團隊沒校準，就等著看差強人意的成果吧。無效溝通就創造不出共同基礎；參與者無法理解彼此，還會對別人的行動做出錯誤的預測。這會導致團隊成員帶著嚴重的認知差距來執行任務。分工和整合就會脫軌，協調不良的代價極高、效率極低，這麼一來就無法完成原定的目標了。

溝通成功
團隊成員開放地交流
相關資訊。

相關的共同基礎
團隊成員之間能互相理解，
對於要完成什麼目標以及如
何達成有一致的想法。

有效協調
團隊成員能順利預測對方的
下一步；協調很和諧，某個
人的貢獻能順利整合。

共同受益

溝通
團隊成員透過言語或其他
方式、同步或陸續分享的
資訊。

共同基礎
據團隊成員所知，這是每個
人都掌握的知識，也稱為共
識。

協調
團隊成員要和諧共事所必須
執行的任務。

成果

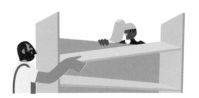

溝通不成功
團隊成員不交流相關
資訊。

沒有或沒什麼共同基礎
隨著成員執行自己的部分，
認知差距愈來愈大。

協調過程意外連連
每個人的貢獻都沒有整合在
一起。因為協調不足，意外
逐漸增加。

共同受損

團隊氣氛沒有安全感就創新不起來

我覺得不安全：我不想要看起來很蠢、很無能、愛嗆別人或很負面。最好不要承擔風險。

我繼續閉嘴，不要分享關鍵資訊。

Amy Edmondson, "Psychological Safety and Learning Behavior in Work Teams," *Administrative Science Quarterly* 44, no. 2 (1999): 350–383.

缺乏心理安全感的環境

若氣氛缺乏心理安全感，那麼團隊成員要先保護自己，才不會丟臉或造成其他威脅，所以會保持安靜。這樣的團隊不會投入集體學習的行為，所以團隊表現很差。

+

沒有學習的行為

沒什麼共同基礎

團隊成員的共同基礎（或共識）沒有更新。因為依賴過時的資訊，所以成員之間的認知差距逐漸擴大。

↓

團隊沒什麼學習

儘管脈絡已經不同了，大家仍持續靠習慣或自動行為。

↓

團隊表現低落

預設主張沒有被修改或計畫沒有被更正。團隊表現不符實際狀況，所以交付的成果不理想。

↓

現況或更差

我相信錯誤不會拿來針對我。
我尊重團隊，也被團隊尊重。

我願意發聲，也會分享關鍵資訊。

有心理安全感的環境

環境能提供心理安全感時，團隊成員不怕說出心裡的想法，而且會投入於有生產力的對話中，讓大家主動學習，來理解環境和客戶、一起有效率地解決問題。

+

學習行為

· 尋求回饋意見
· 分享資訊
· 主動求援
· 討論錯誤
· 實驗

具備共同基礎
團隊的共同基礎（或共識）會經常更新，補充新資訊。

↓

團隊積極學習
新資訊可以幫助團隊學習和適應。學習行為能幫團隊改變預設主張和計畫。

↓

團隊表現良好
開放的溝通能幫助團隊有效協調。持續整合學習心得與適應作法，讓每個人的工作都息息相關。

↓

解決複雜的問題

新進的人員可以解決我們所有的問題。

校準與安全感
如何影響團隊的效能

今日的挑戰太嚇人，再有才華的人若在偽團隊裡孤軍奮戰也應付不來。要解決複雜的問題需要真正的團隊合作，那就從團隊校準和打造安全的氣氛開始。

沒有一致朝任務方向前進

沒有達成目標的能力

✕ 團隊活動沒校準
✕ 氣氛不安全

沒有一致朝任務方向前進

有達成目標的卓越能力

✕ 團隊活動沒校準
✔ 氣氛很安全

努力朝任務方向前進

盡全力朝任務方向前進

具備了部分達成目標的能力

有達成目標的頂尖能力

✔ 團隊活動經過校準
✘ 氣氛不安全

✔ 團隊活動經過校準
✔ 氣氛很安全

效能

團隊校準指南解決方案

利用團隊校準指南與 4 項外掛工具來增加團隊裡的一致性與信任感。這些都很簡單、實用且可輕鬆落實。

在規畫模式中,利用團隊校準指南可釐清和校準每個成員的貢獻。只要簡單的幾個步驟(稱為依序推演和反向驗算)就能做好規畫並降低風險。

評估模式也可利用團隊校準指南,來快速評估團隊和專案。用同樣的圖表就能進行評估,只要加上 4 道量表,就可以讓團隊投票、思考和行動。

改善活動 ●●●●●
改善氣氛 ●●

聯合任務

改善團隊活動

運用團隊校準指南來校準團隊活動

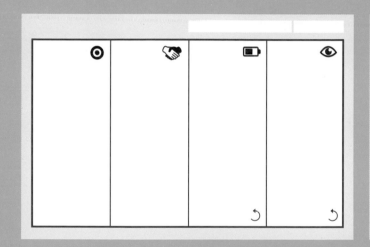

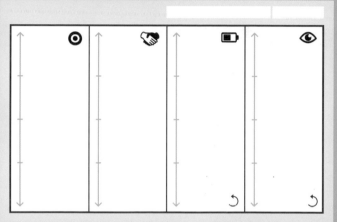

團隊校準指南——規畫模式

用團隊校準指南讓大家對於團隊任務和每個人要完成什麼目標以及如何完成都有一致的共識。用視覺化的方式減少恐懼和風險,成功的機會就更高。團隊校準指南可以作為共同規畫的工具,讓大家從一開始就參與,對決策過程更服氣,也會更有決心 (p. 84)。

團隊校準指南——評估模式

不要讓合作的盲點連累了你的專案。團隊校準指南用來評估的時候,可以很快地就用視覺化且中立的方式,看出我們原本沒看到的雷,創造真誠的機會來進行有效的對話、大家一起開竅,而且不會讓想說話的人被抹黑,強化團隊學習的行為 (p. 102)。

信任感與心理安全感的外掛工具

運用這 4 種外掛來：

· 透過團隊合約釐清遊戲規則。
· 利用釐清事實法來提出好問題。
· 運用尊重卡來表示對別人的體諒。
· 以非暴力要求法來建設性地管理衝突。

團隊校準指南與團隊合約是共同創造的工具。釐清事實法、非暴力要求法和尊重卡是行為工具。這些可以單獨使用來改善日常的互動。

改善活動 ●●●●
改善氣氛 ●●●●●

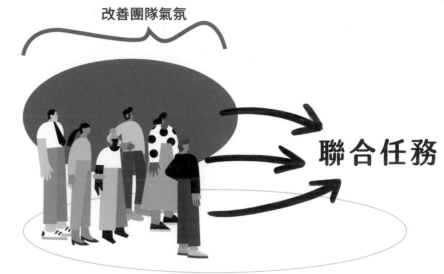

改善團隊氣氛

聯合任務

運用這4種信任感外掛工具來打造更安全的團隊氣氛

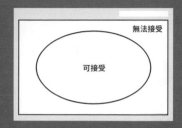 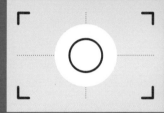  

團隊合約

定義團隊規則。說明行為、價值、決策、溝通與建立期望的方式會如何導致團隊的失敗。打造出透明且公平的環境，培養團隊學習的行為與和諧感 (p. 196)。

釐清事實法

提出強大的問題，把沒有產能的偏見、限制、預設立場和以偏概全的觀念改成可觀察的事實和經驗。像專家一樣提問——一頭霧水時，透過討論讓大家更清楚。對別人所說的話表示真誠的興趣，來建立更高度的信任感 (p. 216)。

尊重卡

各種建議可以讓你更得體圓融地表現出你對其他成員的體諒，讓你 (1) 重視別人、(2) 表現尊重。或許從任務的觀點來看，這樣的對話比較沒有效率，可是會大幅增加團隊氣氛的安全感 (p. 232)。

非暴力要求法

情緒爆發會讓事情更棘手，非暴力要求法可以有建設性地管理衝突。用適合的字句來表示你確實存在的負面感受。用沒有侵略感的方式協助其他人明白哪裡出了錯，應該怎麼改進，並維護團體氣氛的安全感 (p. 248)。

落實團隊校準指南時
常見的挑戰

會議中

專案管理

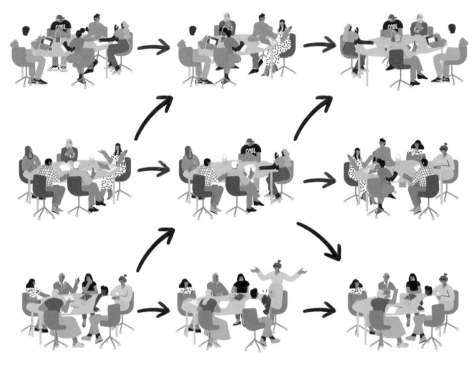

組織管理

從哪裡開始看

組織領導人

先從精華要領 (p. 12) 開始閱讀會有很多收獲，學著打破組織內各部門獨立運作、不互相溝通的模式 (p. 166)。當你更清楚理解如何使用釐清事實法 (p. 216)，就能在團隊裡引導對話，讓溝通更順暢。

創業家

你可以先從精華要領 (p. 12) 開始，並學著運用團隊校準指南來讓專案按軌道前進 (p. 44)，讓大家簽署團隊合約 (p. 196) 來為團隊建立規範。

團隊教練

你應該要先確保自己詳知成功團隊合作校準 (p. 40) 的一切，並理解我們是不是還在軌道上 (p. 102)。此外，第三章 (p. 188) 所有的外掛工具都很有用。

專案領導人

你應該徹底理解精華要領 (p. 12)，並學著運用團隊校準指南來讓專案按軌道前進 (p. 144)。你可以運用團隊合約 (p. 196) 為你的團隊建立規範。

團隊成員

你可以很快地瀏覽一下精華要領 (p. 12)，然後學著舉辦行動會議 (p. 130)，並透過釐清事實法 (p. 216) 來進行更良好的對話。

教育人員

你一定要先理解精華要領 (p. 12)，接下來請看如何為成功團隊合作校準（規畫模式）(p. 84)，並協助團隊檢查：我們是不是還在軌道上 (p. 102)。

團隊校準指南

這是什麼、怎麼用？

「要一起工作就需要下功夫。」

心理語言學家　賀伯特・克拉克 (Herbert Clark)

概要

理解每一欄的架構和內容，計畫並降低風險，以衡量專案和團隊。

1.1

暖身：團隊校準指南的 4 大支柱

如何描述聯合目標、團隊成員的決心、需要的資源和風險。

1.2

用團隊校準指南規畫誰要做什麼（規畫模式）

先依序推演（計畫），然後再反向驗算（降低任何風險）。

1.3

讓團隊成員按軌道前進（評估模式）

利用團隊校準指南來評估團隊準備程度或處理當時持續的問題。

1.1
暖身：團隊校準指南的 4 大支柱

如何描述聯合目標、團隊成員的決心、需要的資源和風險。

工作區

工作區分為兩部分：標題的區塊用來建立合作的
框架，內容的區塊用來根據 4 大支柱引導會議。
每一支柱分別指出成功協作的重要關鍵。

聯合目標

p. 52

具體來說，我們企圖一起達成什麼？

聯合承諾

p. 60

誰要做什麼？

聯合資源

p. 68

我們需要什麼資源？

聯合風險

p. 76

哪些事情會讓我們無法成功？

→

更深入

想理解團隊校準指南背後的學術
基礎，請閱讀：互相理解與共同
基礎（心理語言學）(p. 270)。

任務

寫下意義和脈絡，說明這個專案
或會議的目的(p. 50、51)。

期程

寫下幾天、幾個月或完成期限來訂出時間
範圍，就會開始有真實感(p. 50、51)。

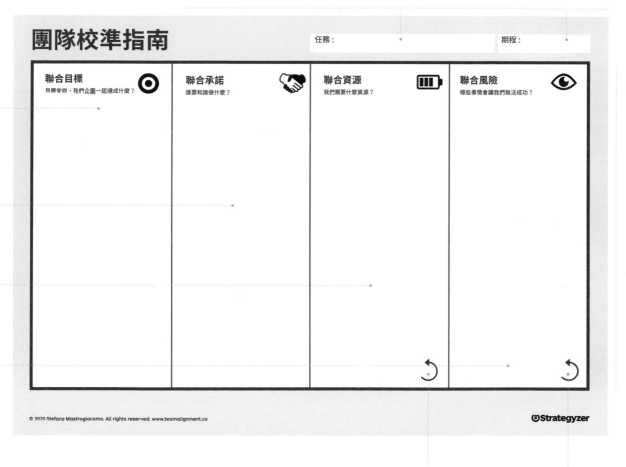

團隊校準指南

任務：

期程：

聯合目標
具體來說，我們企圖一起達成什麼？

聯合承諾
誰要和誰做什麼？

聯合資源
我們需要什麼資源？

聯合風險
哪些事情會讓我們無法成功？

Ⓢ**Strategyzer**

內容區

讓大家討論的空白區。

反向驗算的記號

這個視覺符號是要提醒大家以團隊為單位來思考，
有哪些風險一定要注意（反向驗算，p. 86、87）。

49

任務和期程

任務是所有合作項目的起始點，把所有人凝聚在一起的膠著劑，會協助大家理解利害得失，並且讓每個人知道自己必須參與和投入的理由，因為：

· 這計畫很吸引人。
· 每個人都很在乎。
· 或這是所有人都必須完成的責任。

如果任務不明確，參與者會經常問自己「我在這裡幹嘛？」注意力和參與度下降，對話在不同主題間切換，內容不連貫，讓參與者很困惑而且經常覺得很無聊。

「期程」則會為團隊定下時間線，時間限制很重要：可以避免大家對於目標有太天馬行空的想法，也可以讓大家沉浸在具體行動的範圍裡。

標題區會協助參與者輕鬆地理解自己為什麼在這裡，也會創造出聆聽和參與的興趣。

+

描述這場任務的意義

要讓團隊更服氣、更買單、更有動力，就要正面積極地來敘述任務，建立參與者的觀點。當你在寫下任務的時候請盡量善用這些條件：挑戰性、勇氣、獨一無二、難得一見，或樂趣。

舉例：

· 請這樣寫：增加獲利能力並確保我們未來 3 年的收入〔目標＋益處〕。
· 別這樣寫：將風險降低 30%。

如艾美·艾德蒙森所述，大家一定要有共識，也以團隊的任務為榮，才會有付出心力的動機，克服各種障礙，邁向成功 (Edmondson and Harvey, 2017; Deci and Ryan, 1985; Locke and Latham, 1990)。

搜尋關鍵詞：任務主張、專案命名。

+

「讓人服氣」

任務若能用下列敘述，就會讓人更信服：

在任務 (M) 期間，所有參與者都能為自己的貢獻 (X) 賦予意義，只要他們想著：

「我在做 X，因為我的團隊在做 M，需要我的 X，所以對我很有意義。」

任務
挑戰是什麼？
我們要創造或改善什麼？

期程
要多久？
什麼時候結束？

團隊校準指南

任務：

期程：

描述任務的格式有很多種，
例如目標、挑戰、問題、專案名稱等等。

這些格式都可以用，只要這個任務：
・對所有參與者都很透明。
・協助大家把自己投射到正面的成果上。
・讓人有貢獻的欲望。

期程可以定義為：
・時間範圍：幾小時、幾天、幾週、幾個月。
・期限：明確的日期，或起迄日期之間。

期程範例：

兩週

年底

第3季

6個月

任務範例：

| 將所有產品的上市準備期縮短20% | 落實企業社會責任行動 | 讓新同事更快就位 | 年度異地活動 | X專案 |

← 較明確

較抽象 →

聯合目標

**具體來說，我們企圖
一起達成什麼？**

團隊校準指南

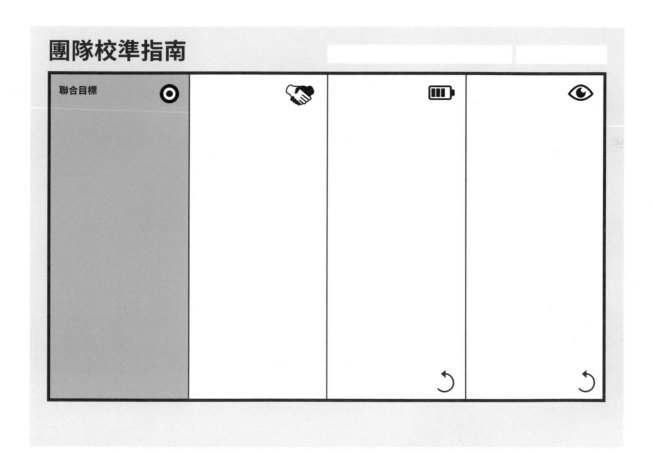

聯合目標

什麼是聯合目標？

清楚的聯合目標可以協調參與者的意圖，讓大家都知道該做什麼，表達的方式可能是：

- 目標（要完成的企圖）
- 目的（可測量的目標）
- 活動（要做的事）
- 行動（活動的一部分）
- 工作包（分配給一個人的工作項目）
- 結果（活動的後果）
- 可交付成果（結果的同義字）
- 成果（結果的同義字）
- 產品、服務（結果的同義字）

團隊校準指南是個半架構好的工具，這裡的關鍵是要讓大家針對接下來的行動達成共識，不過，共識可以堆砌。典型的校準指南通常會列出 3～10 項共同目標，如果你的共同目標超過 10 項，就要問問團隊：這項任務是不是太廣泛或太模糊了。你可能同時討論多起專案，如果是這樣，不妨拆成好幾張校準指南來分別討論。

設下團隊的聯合目標，
可以把任務拆解成行動項目。

團隊校準指南

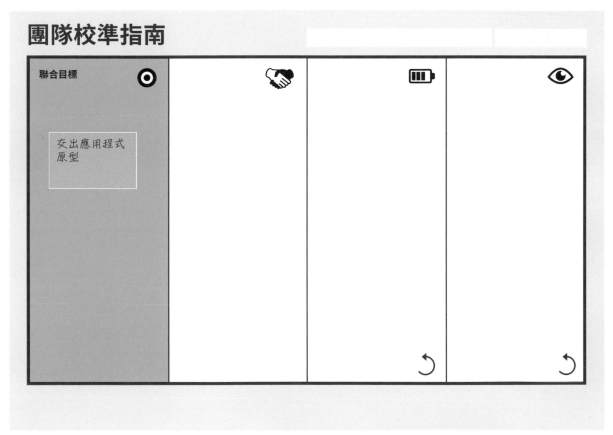

聯合目標 ◎			
交出應用程式原型			

提問

- **具體來說，我們企圖達成什麼？**
- 我們必須做哪些事？
- 我們必須交出什麼成果？
- 哪些工作一定要完成？

範例

打造計畫	聘請顧問	修改合約	協調租約	更新產品待辦清單
刷內牆	提供權限	安裝電線	新人到職過程標準化	

聯合目標的範例

聯合目標的細節可多可少，就看清楚的程度和速度之間如何權衡。

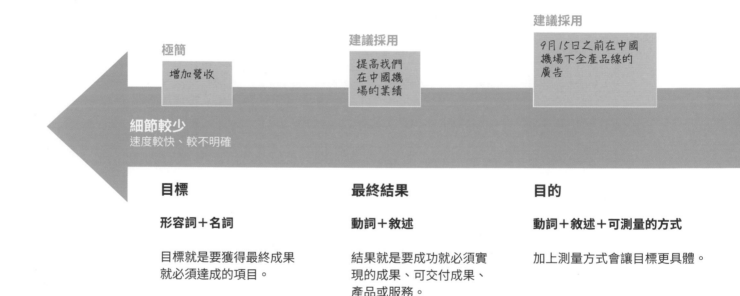

極簡

增加營收

建議採用

提高我們在中國機場的業績

建議採用

9月15日之前在中國機場下全產品線的廣告

細節較少
速度較快、較不明確

目標

形容詞＋名詞

目標就是要獲得最終成果就必須達成的項目。

最終結果

動詞＋敘述

結果就是要成功就必須實現的成果、可交付成果、產品或服務。

目的

動詞＋敘述＋可測量的方式

加上測量方式會讓目標更具體。

如果聯合目標不明確，工作就很難指揮和組織。賽局理論先驅與諾貝爾獎得主湯瑪斯‧謝林 (Thomas Shelling) 提出「聯合行動必須以終為始。兩個人明白了他們有共同的目標、清楚知道他們的行動互相牽連，然後回頭去找到方法來在聯合行動中協調彼此，這樣就能達成目標」。換句話說，不管行動需要多少時間（3 週‧3 個月或 3 年），只要日標不明確，計畫就沒有價值。

更仔細

> 要開發市場，找需要廣告預算，這樣找才能在中國機場推廣我們的產品線

> 增加在中國的市占率

> 會計年度結束之前，讓全產品線在中國機場的市占率增加2.0%

更多細節
速度較慢、更清楚

+

用戶故事

身為（角色），我想要（目標）才能（原因）

用戶故事是敏捷軟體開發裡描述用戶需求的技巧，這個方法逐漸受到其他產業採納，從用戶的觀點來描述目標。

搜尋：用戶故事。

OKR 目標與關鍵結果

目標＋關鍵結果

由英特爾的執行長安迪‧葛洛夫 (Andy Grove) 開發了 OKR 這套系統來闡述聯合目標。後來因為 Google 採用而發揚光大。要寫出 OKR，每個目標都必須有明確且可測量的關鍵成果。

搜尋：OKR。

SMART 目標設定原則

SMART 指明確的、可衡量的、可達成的、相關的和有時限的 5 項原則，源自彼得‧杜拉克在 1950 年代提出的「目標管理」概念。

若目標不會持續調整或改變的話很好用。

搜尋：SMART 目標。

拆解目標

團隊校準指南不是用來細分工作項目和追蹤進度的。這個工具可以協助成員迅速地在主題上達成一致的想法，合作起來更有效。如果需要更細分，就在團隊校準之後，把聯合目標拆解出來的元素放入專案管理的工具中，然後和團隊確認所有元素。

搜尋關鍵詞：拆解工作結構、待辦清單。

聯合承諾

誰要做什麼？

團隊校準指南

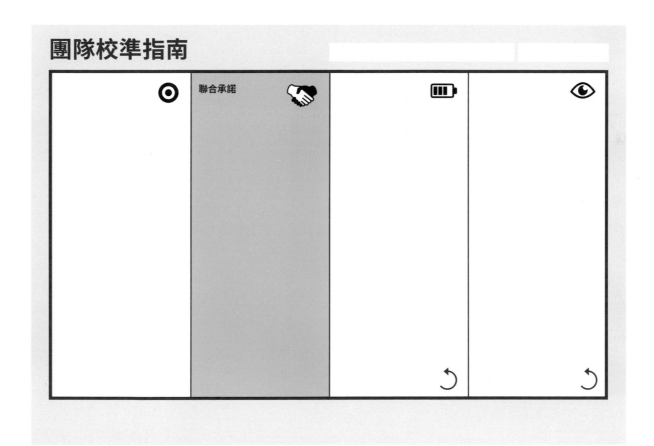

聯合承諾

好，我馬上回覆妳！

什麼是聯合承諾？

建立聯合承諾就表示團隊成員決心要負責或執行其中一項或多項聯合目標。這裡通常沒什麼要寫的，有名字和職責就夠了。不過，每個成員在大家面前表現承諾和決心的意識很重要，可以用這兩種方式進行：

· 團隊成員在他要負責的目標旁邊寫下名字。
· 如果別人把自己的名字寫在團隊校準指南上，那個人要說出「好」、「我同意」、「我沒問題」或「我來進行」。

若團隊成員之間沒把自己答應了什麼給講清楚，那這樣曖昧模糊的承諾到了最後就會變成責任歸屬不明確。沒說出口的承諾會創造出灰色地帶，參與者可能會以為別人方便的時候就會去做那件事，結果疑惑和衝突的可能性就增加了。清楚說出來就能降低誤會和衝突。

→

聯合承諾儀式：
認識瑪格麗特・吉爾伯特 (Margaret Gilbert) 的研究成果

英國哲學家瑪格麗特・吉爾伯特花了數十年深入研究聯合承諾的概念。她觀察到若要團隊成員實踐承諾，在別人面前宣示自己已經準備好了很重要、很必須（見〈更深入〉，p. 264）。公開同意聯合承諾會造成道德義務與權利。每個許下承諾的團隊成員都有道德義務要完成自己的部分，也有權利可以期待別人完成他們的部分。這些權利與義務會約束團隊成員，形成強大的驅動力。

搜尋關鍵詞：瑪格麗特・吉爾伯特的哲學。

聯合承諾會讓參與者從個人的狀態調整為積
極的團隊成員狀態。

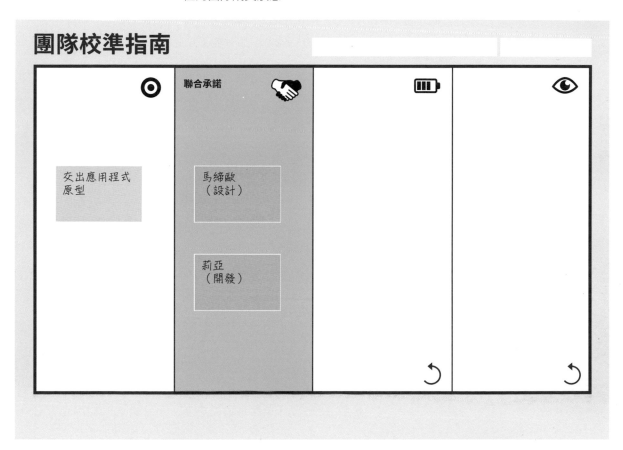

團隊校準指南

聯合承諾

馬締歐
（設計）

莉亞
（開發）

交出應用程式
原型

提問

· **誰要做什麼？**
· 誰要負責哪一項？
· 我們要怎麼共事？
· 每個人的角色是什麼？

聯合承諾通常放在相關的聯合目標右邊。

聯合承諾的範例

每張任務清單不一樣，看上去每項聯合承諾的名稱也不一樣。
重點在於大家都清楚誰要做什麼，而且有共識。

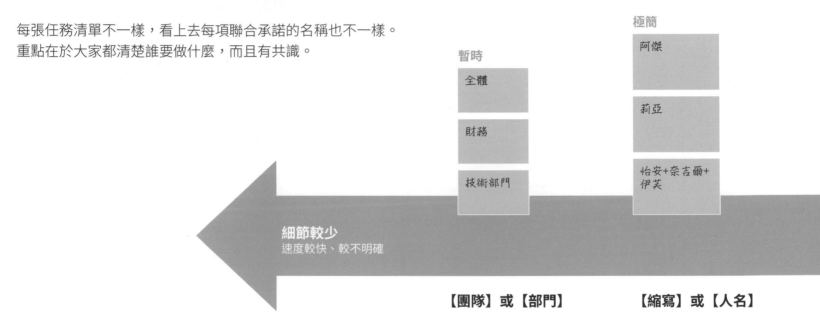

極簡

暫時

全體	阿傑
財務	莉亞
技術部門	怡安+奈吉爾+伊芙

細節較少
速度較快、較不明確

【團隊】或【部門】

若無法馬上釐清所有要承諾的項目，就可以用團隊的名稱。這是最快的方法，可是還是要盡快釐清，才能避免誤會。

【縮寫】或【人名】

對習慣固定的團隊成員來說，用人名最快速、最有用。

建議採用

莉亞（開發）

高層次的任務

馬締歐（設計）
莉亞（開發）

馬締歐：
-提供紙本
-設計數位資產
莉亞：
-技術架構
-寫程式、測試

較多細節
速度較慢、更清楚

【名字】＋【角色】

除了名字之外，精簡描述每個人的角色或任務讓雙方都更清楚，也不會讓校準的過程慢下來。

【名字】＋【主要任務或責任】

可以把任務描述得更明確，這過程比較長，通常是和剛建立好的團隊。在分配子任務的時候要符合聯合目標那一欄裡的目標，才不會讓團隊混淆了每一欄裡的內容。

聯合資源

我們需要什麼資源？

團隊校準指南

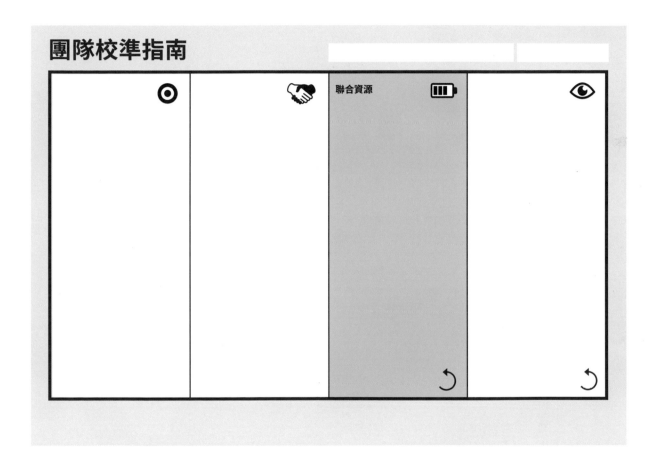

聯合資源

我缺資源！

我缺資源！

什麼是聯合資源？

所有的人類活動都需要時間、資本或設備等資源。描述聯合資源的時候，必須評估這 3 項需求，這樣所有團隊成員才能順利地做出貢獻。這可以讓大家更清楚最終需要怎麼做才能完成任務，團隊就可以在真實世界裡下錨，不會隨風浪起伏飄移。

缺乏資源的時候，團隊就沒有能力交出成果，因為每個人都困住了。工作流會中斷，任務就沒辦法如期如質達成。評估資源並加以協商很關鍵，但還不夠。資源一定要分配，這樣一來團隊才好使。如果有疑惑，千萬別遲疑，一定要解惑。

+

資源狀態

資源狀態可以用這些方式表示：

有

沒有

不清楚

聯合資源是要協助團隊讓每個成員評估他們若要完成自己的部分會需要什麼。

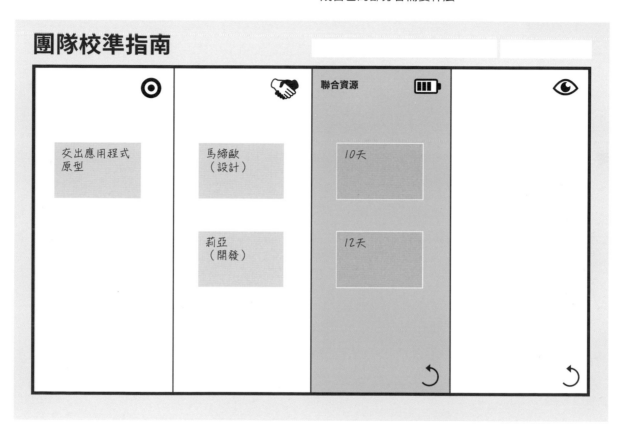

團隊校準指南

交出應用程式原型

馬締歐（設計）

莉亞（開發）

聯合資源

10天

12天

提問

· **我們需要什麼資源？**
· 必須獲得什麼？
· 大家若都要順利地做出貢獻，還缺了什麼？
· 需要哪些必要的步驟才能完成我們的工作？

範例

100個信封　　3顆花椰菜　　測試時間　　確認需求　　更新流程

引導訓練　　預算32K　　1間專用辦公室　　招募行銷經理

73

聯合資源的範例

如果有個成員需要一樣東西才能進行他的工作，這就是資
源！資源在描述的時候，準確度可多可少，就看清楚的程
度和速度之間如何權衡。

簡易

帕布羅

中國的辦公室

準確的數據

細節較少
速度較快、較不明確

【資源】

分派資源可以是第一步。這
會讓大家朝正確的方向討
論，要找出需要哪些東西才
能完成工作。

建議採用

帕布羅-10天

海報-100張

旅遊預算
2萬元

加上限制

需要帕布羅支援10
天,每日開銷上限為
1.5萬

印100張海報(6月3
日前要拿到)

本週結束前確認2萬
元的旅遊預算

較多細節
速度較慢、更清楚

□ 人:例如員工、工時、技能(技術能
力、社交能力)、訓練、熱血程度。
□ 設備與工具:例如辦公桌、會議
室、家具、交通工具、機械。
□ 財務:例如預算、現金、信用。
□ 材料:例如原物料、用品。
□ 科技:例如應用程式、電腦、線上
服務、網路基礎建設。
□ 資訊:例如文件、數據、存取權限。
□ 法務:例如版權、專利、許可證、
合約。
□ 組織:例如流程、內部支援、決策。

【資源】+【預估量】

確認資源的項目和數量會讓
大家的想法超一致,且現實
感超強烈。
如果沒辦法有精確的數字,
可以設定區間或範圍(如
1～10日;2～8萬)。

**【動詞】+【預估量】+
【資源】+【限制】**

這些例句比較長,可以讓團
隊在需要關鍵資源時,建立
精準的共識。只在特殊情況
下使用即可。

聯合風險

哪些事情會讓我們無法成功？

團隊校準指南

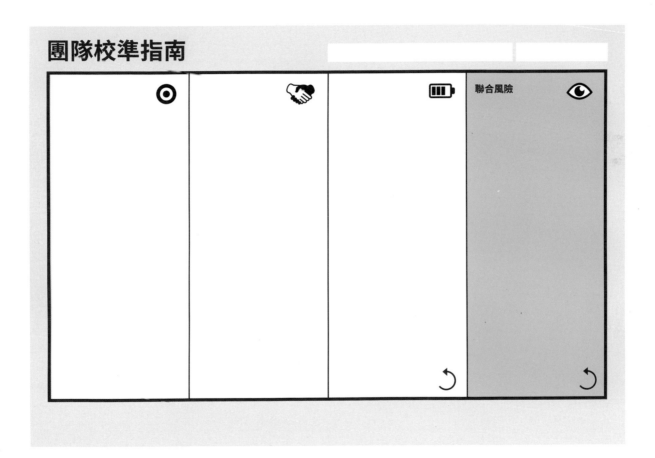

聯合風險

我就說我們開太快了嘛。

什麼是聯合風險？

毫無風險的專案會⋯⋯什麼都做不出來。所有的專案都有風險，內部原本就有一定程度的不確定性。風險是什麼？有些事如果發生了，會造成誰都不想要的阻礙，那就是風險。這些風險會讓團隊更難完成任務，或許會對成本、時限或品質造成衝擊，甚至可能會破壞人與人之間的關係。最慘的情況下，風險可能會讓整個專案和團隊失敗。

團隊校準指南可以用 3 個主要步驟來降低專案風險：
· 辨識風險：填入「聯合風險」欄。
· 分析風險：討論每一個項目所暴露的風險。
· 消弭風險：可進行反向驗算（請參閱頁 p. 86、87）。

風險管理的討論很重要：這種對話可以增強團隊的韌性，進而增強團隊成功實踐任務的可能性。

+

風險在哪裡

有個簡單的技巧可以用分數或縮寫來標示出風險可能出現的地方。

例如：高、中、低。

（風險值＝風險發生的可能性 × 風險帶來的衝擊）

| 第一個
風險：高 |
| 第一個
風險：中 |
| 第一個
風險：低 |

+

專業風險管理

團隊校準指南的設計能讓大家馬上坐下來迅速討論風險，不能取代深入的風險分析與風險管理工具。如果有需要，請找專業的風險管理技巧。

搜尋關鍵詞：風險管理、風險管理流程、風險管理工具。

聯合風險是要協助團隊預測
潛在風險並積極防範。

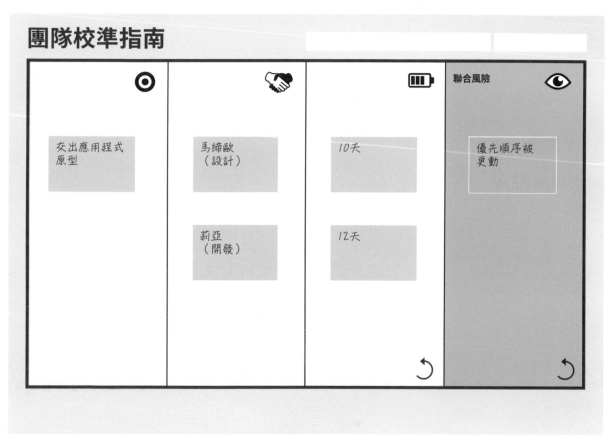

團隊校準指南

🎯	🤝	🔋	聯合風險 👁
交出應用程式原型	馬締歐（設計）	10天	優先順序被更動
	莉亞（開發）	12天	

提問

- **哪些事情會讓我們無法成功？**
- 哪些事可能會出錯？
- 最糟的情況是什麼？
- 要完成目標的話，會碰到什麼問題、威脅、危險、副作用？
- 有沒有明確的反對意見或恐懼？
- 什麼情況下我們要考慮備案？

範例

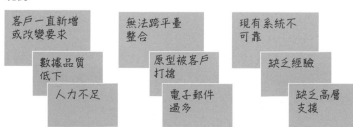

客戶一直新增或改變要求

數據品質低下

人力不足

無法跨平臺整合

原型被客戶打槍

電子郵件過多

現有系統不可靠

缺乏經驗

缺乏高層支援

聯合風險的範例

描述風險的時候一定要務實。

極端情況下，出錯的機率太高了，結果團隊花在準確描述風險的時間比執行任務的時間還要多。另一種極端，過度樂觀的話，就不去辨識風險，結果讓原本可避免的原因導致專案失敗。取捨之道在於精簡地描述風險，只有風險值較高的項目需要更多細節。

建議採納

客戶沒空

需求不清

細節較少
速度較快、較不明確

【簡述】

簡述勝過完全不辨識風險。這是運用團隊校準指南時進行風險評估的精神。

加上後果

客戶沒空就會
延遲很多天

剛開始需求不
明會增加伺服
器停工時間

加上細節

因為時差所以客戶沒
空,可能會導致延遲
6～12個月,成本增
加40%

系統工程師過勞,所
以剛開始需求不明,
可能會讓伺服器設定
錯誤,停工時間增加
30-60%

風險在於客戶可能沒
空,因為她住在不同
的時區,結果導致延
遲6～12個月,成本
增加40%

風險在於系統工程師
可能過勞,所以剛開
始需求不明,可能會
讓伺服器設定錯誤,
停工時間增加30-60%

較多細節
速度較慢、更清楚

【風險】可能導致
【後果】

因為【原因】所致的【事
件】會造成【可量化後
果】

風險在於【事件】,因
為【原因】,接下來造
成【可量化後果】

+

風險確認清單

☐ 內部:例如團隊本身、錯誤、瑕
　疵、準備不足、缺乏技術、交付
　成果的品質、溝通不良、人力、
　職務、衝突等所造成的風險。

☐ 設備:例如技術性問題以及團隊
　所使用的服務、工具品質不佳、
　建築物等所造成的風險。

☐ 組織:例如由管理、同組織中的
　其他團隊、缺乏支援、政策、後
　勤、資金等所造成的風險。

☐ 外部:例如由客戶、終端用戶、
　供應商、例行性問題、金融市
　場、天氣狀況等所造成的風險。

+

右邊的範本更為正式,而且更詳細
地描述風險。但也會明顯增加許多
校準的工夫。為了避免團隊成員對
風險管理敬而遠之,建議使用左邊
的簡述,並使用詳細的範本作為討
論時的輔助指引。有必要的話,也
可以使用專業的風險管理工具。

1.2
用團隊校準指南規畫
誰要做什麼（規畫模式）

從依序推演開始建立計畫，然後用反向驗算來降低風險。

依序推演與反向驗算

用團隊校準指南來規畫有兩步驟。

1、2、3、4、5
依序推演

這流程的第 1 部分稱為依序推演，包含了共同規畫。參與者要從左到右順著邏輯逐欄填入內容，描述他們需要什麼才能有效協作。這樣可以點出大方向，讓大家理解期待與問題，也讓參與者可以好好地想想，要如何增加成功的機會。

依序推演會把大家凝聚成真正的團隊。所有成員一起思考每個人的貢獻和需求，共識會逐漸發展下去。

6、7
反向驗算

第 2 部分稱為反向驗算，目標是要降低執行的風險程度。實務操作時，這部分就是要把最後兩欄的內容盡量移除，所以就要創造新內容、調整原內容或從其他欄位移除內容。換句話說，缺少資源和開放風險等潛在的問題都會被驗算為新目標和新承諾。

用視覺化的方式一起解決問題、化解問題就會感覺有進展。當參與者看到他們描述的風險在好好說出來之後消失了，就會更有動力，參與度也會更高。這也會讓大家在做完反向驗算之後更肯定內容和時程。

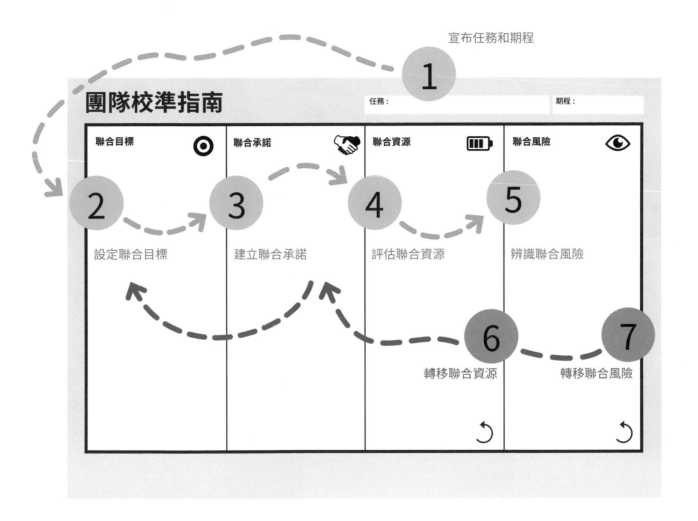

宣布任務和期程

團隊校準指南

任務：　　　　　　　　　　　　期程：

聯合目標 ◎	聯合承諾 🤝	聯合資源 🔋	聯合風險 👁
2	**3**	**4**	**5**
設定聯合目標	建立聯合承諾	評估聯合資源	辨識聯合風險
		6	**7**
		轉移聯合資源 ↺	轉移聯合風險 ↺

職場應用實例

依序推演

開發社群媒體策略

荷諾拉、帕布羅、馬締歐、泰絲和小羅在傳播公司上班，他們的任務是要為史上最重要的客戶開發社群媒體策略。他們決定要用團隊校準指南來建立共識，這是他們運用依序推演和反向驗算之後的結果。

1

宣布任務和期程

| 開發社群媒體策略 | 4週 |

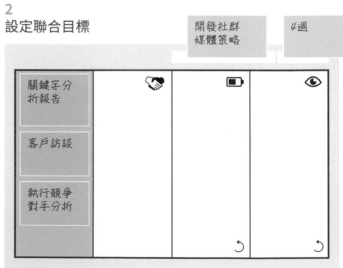

2

設定聯合目標

| 開發社群媒體策略 | 4週 |

關鍵字分析報告			
客戶訪談			
執行競爭對手分析			

4

評估聯合資源

<table>
<tr><td colspan="2" align="center">開發社群
媒體策略</td><td align="center">4週</td></tr>
</table>

關鍵字分析報告	荷諾拉：分析；馬締歐：寫	分析軟體	
客戶訪談	所有人	少了資料庫存取權限	
執行競爭對手分析	帕布羅、泰絲、小羅	泰絲沒時間	

3

建立聯合承諾

<table>
<tr><td colspan="2" align="center">開發社群
媒體策略</td><td align="center">4週</td></tr>
</table>

關鍵字分析報告	荷諾拉：分析；馬締歐：寫		
客戶訪談	所有人		
執行競爭對手分析	帕布羅、泰絲、小羅		

5

辨識聯合風險

<table>
<tr><td colspan="2" align="center">開發社群
媒體策略</td><td align="center">4週</td></tr>
</table>

關鍵字分析報告	荷諾拉：分析；馬締歐：寫	分析軟體	客戶沒空
客戶訪談	所有人	少了資料庫存取權限	過度依賴數據
執行競爭對手分析	帕布羅、泰絲、小羅	泰絲沒時間	

職場應用實例

反向驗算

開發社群媒體策略

6
轉移聯合資源

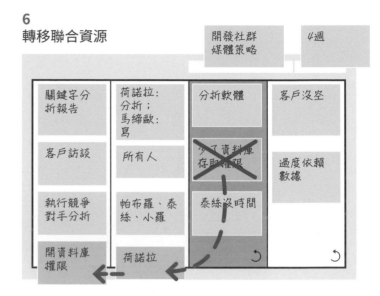

· 分析軟體：分析軟體已經有了，這張沒問題，目前也沒有特別要做的事。

· 缺少資料庫存取權限：荷諾拉知道如何開放權限給團隊，所以她新增了一項目標和承諾。這項缺少的資源就可以從這一欄移除了。

· 泰絲沒時間：必須找到解決方法，所以這張還留在這欄。

7

轉移共同風險

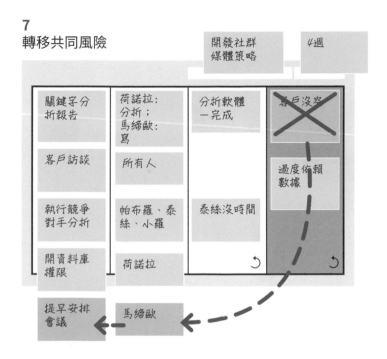

全體共識

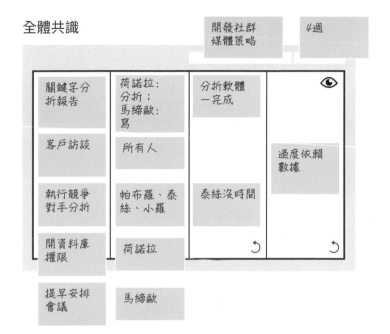

· 客戶沒空：風險在於客戶沒空參加訪談，所以馬締歐承諾要提早安排會議，就可以移除這項風險了。

· 過度依賴數據：現在沒辦法做什麼，只能記得有這項風險。團隊同意把這項風險留下來提醒所有人。

· 團隊同意可以開始工作了。

· 還需要找到方法來讓泰絲騰出時間。

· 大家都曉得，所以泰絲的處境就很不一樣了。

居家應用實例

依序推演

順利搬家到日內瓦

安潔拉在國際組織工作，最近被總部外派到瑞士日內瓦。她的先生焦瑟佩和他們的小孩雷納多、曼努、莉蒂亞決定要建立共識，讓搬家很順利。這是他們依序推演和反向驗算的過程。

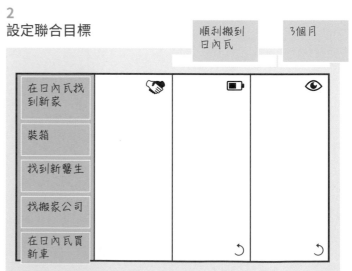

1

宣布任務和期程

◎	🤝	🔋	👁
		↻	↻

順利搬到日內瓦　／　3個月

2

設定聯合目標

	🤝	🔋	👁
在日內瓦找到新家			
裝箱			
找到新醫生			
找搬家公司			
在日內瓦買新車		↻	↻

順利搬到日內瓦　／　3個月

4
評估聯合資源

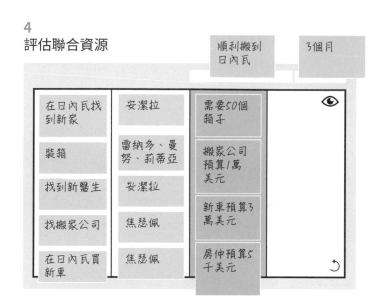

3
建立聯合承諾

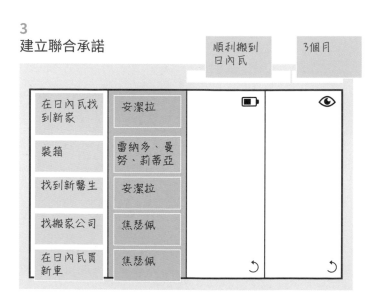

5
辨識聯合風險

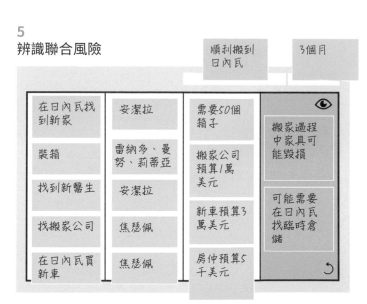

居家應用實例

反向驗算

順利搬家到日內瓦

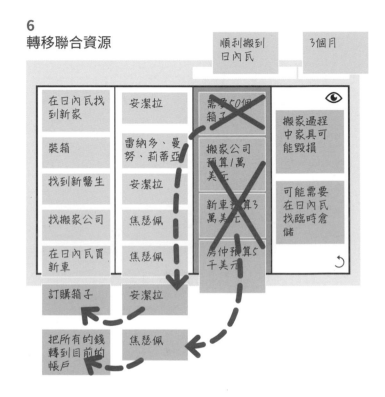

6
轉移聯合資源

- 需要 50 個箱子：安潔拉今天會訂購。
- 總預算 4 萬 5 千美元（搬家公司、買車、房仲）：焦瑟佩會確保目前的銀行帳戶裡有這筆錢。

7

轉移聯合風險

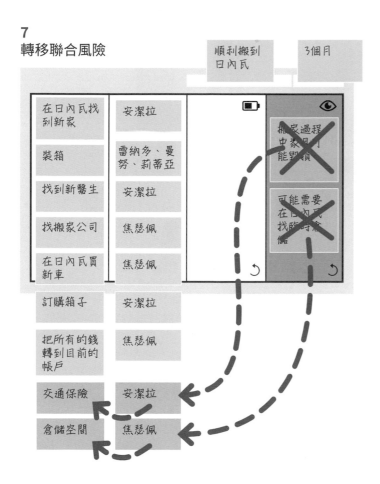

全體共識

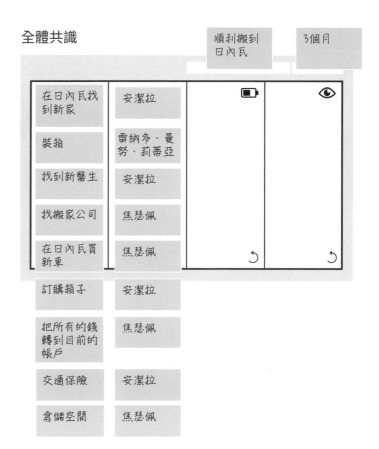

· 搬家過程中家具可能毀損：安潔拉會和保險公司討論交通保險。

· 可能需要在日內瓦找臨時倉儲：焦瑟佩會聯繫人資部門，請他
們提供建議並確保能租到夠大的倉儲空間。

· 每個人都同意，並且著手讓搬家可以順順利利。

朋友間應用實例

依序推演

精彩的生日派對

露薏絲的生日快到了，她的爸媽、瑪蒂達和伯納德，
想要籌備個精緻的派對，她的朋友湯瑪士也想幫忙。
這是他們利用依序推演和反向驗證的合作過程。

1

宣布任務和期程

精彩的生日派對	2週

◎	🤝	🔋	👁
			↻

2

設定聯合目標

精彩的生日派對	2週

列出賓客名單	🤝	🔋	👁
送邀請函			
布置會場			
準備蛋糕、買飲料		↻	↻

4
評估聯合資源

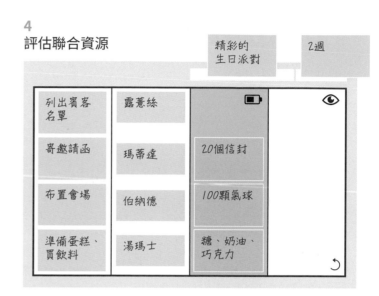

3
建立聯合承諾

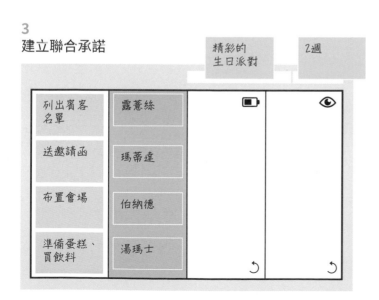

5
辨識共同風險

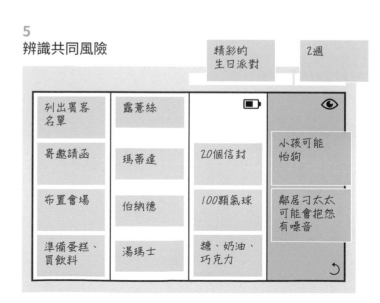

朋友間應用實例

反向驗算

精彩的生日派對

6
轉移聯合資源

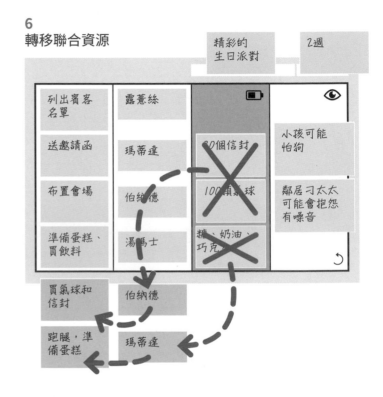

・20 個信封和 100 顆氣球：伯納德會負責。
・糖、巧克力、奶油：瑪蒂達去藥局的路上就可以順便買齊。

7

轉移聯合風險

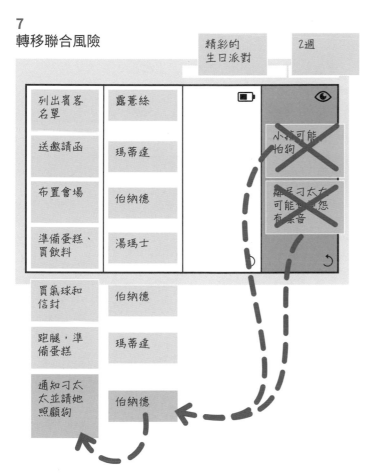

列出賓客名單	露薏絲		
送邀請函	瑪蒂達		
布置會場	伯納德		
準備蛋糕、買飲料	湯瑪士		

精彩的生日派對 / 2週

小孩可能怕狗 ✕

鄰居刁太太可能會抱怨有噪音 ✕

買氣球和信封	伯納德
跑腿，準備蛋糕	瑪蒂達
通知刁太太並請她照顧狗	伯納德

· 小孩可能怕狗，刁太太可能嫌吵：伯納德會通知刁太太，並請她在派對進行的那個下午把狗看好。

全體共識

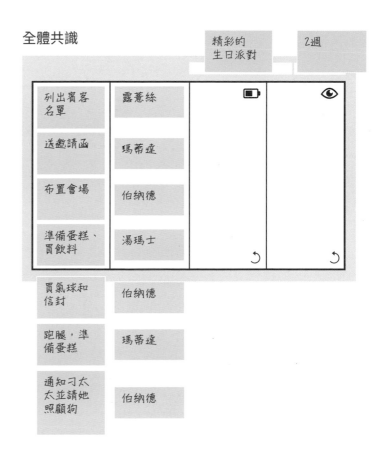

列出賓客名單	露薏絲		
送邀請函	瑪蒂達		
布置會場	伯納德		
準備蛋糕、買飲料	湯瑪士		

精彩的生日派對 / 2週

買氣球和信封	伯納德
跑腿，準備蛋糕	瑪蒂達
通知刁太太並請她照顧狗	伯納德

· 每個人都同意並且開始準備精彩的生日派對。

專家這樣用

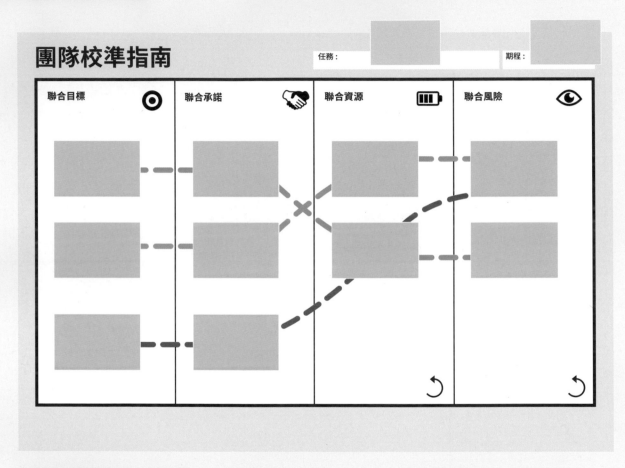

視覺呈現脈絡

只要畫線就可以把每件事的關聯給表現出來。

移除的項目

在反向驗算的過程中，被移除的聯合風險
和聯合資源要怎麼辦？

第一種作法
移到最左側，新目標的前方

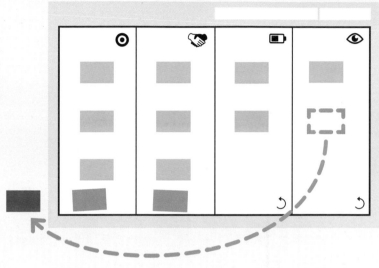

第二種作法
往右側移動，貼牆上

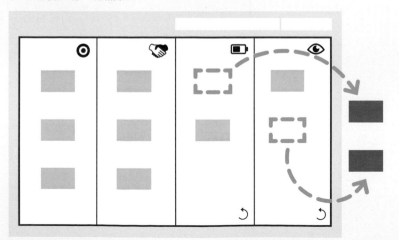

第三種作法
扔進垃圾桶

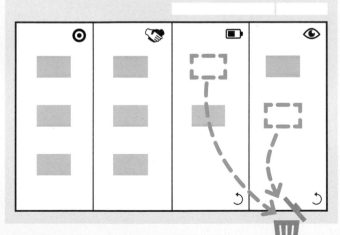

1.3
讓團隊成員按軌道前進
（評估模式）

運用團隊校準指南來評估團隊準備的程度，或正視現存的問題。

如何運用團隊校準指南來評估專案和團隊

團隊校準指南可以很簡單就切換為警示系統，顯示出大家的盲點，避免大家的認知偏差愈滾愈大，變成棘手的問題。

團隊校準指南的視覺評估法可以讓大家一眼就看出狀況，這樣一來所有人都知道要怎麼達到成功的最低要求：

· 初期，要有好的開始。
· 接下來，要留在正確的軌道上。

往往，我們開始進行專案的時候，連最低的需求都還沒達到，然後協作的過程就變成一直在管理危機。這通常是因為團隊準備不周，或出現了協作盲點，例如，有人覺得他知道其他人是怎麼想的，可是其實他誤會了。從開始到結束都校準好，才能成功，有了迅速評估的工具，團隊就能一眼看出校準的程度，提早避免可防範的問題。

評估的過程中要問每個成員，他們能不能把自己的部分做好。如果有必要的話，可以不具名投票。投票完的畫面很中立、不偏頗，讓團隊一起詮釋；如果校準程度不足，就要採取彌補行動。

要開始評估，先逐欄畫出數線量表，在上面標上不同的程度（從最底部開始），如下一頁的圖示：

· 聯合目標：不清楚、中等、清楚。
· 聯合承諾：不明確、中等、明確。
· 聯合資源：缺、中等、有。
· 聯合風險：低估、中等、可防可控。

然後搭配這 3 個步驟：

1
找
參與者分別投票，然後集體同意投票結果。

2
想
問題區確認出來之後，整個團隊一起分析。

3
修
做出決策來修復問題，再建立全體共識。

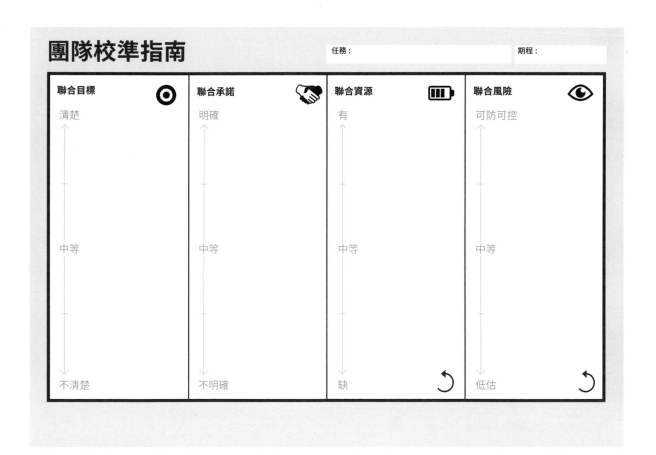

團隊校準指南

任務：　　　　　　　期程：

聯合目標 ◉	聯合承諾 🤝	聯合資源 🔋	聯合風險 👁
清楚 ↑	明確 ↑	有 ↑	可防可控 ↑
中等	中等	中等	中等
不清楚	不明確	缺 ↻	低估 ↻

第1步：找

團隊成員投票找出他們認為自己可以成功貢獻的地方。

1
宣布主題
挑戰在哪裡？

泰瑞莎　　路卡　　傑瑞米　　瑪拉

2
分別投票
你覺得你能完成自己的部分嗎？

 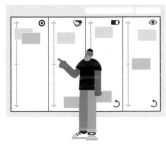

泰瑞莎認為：

· 聯合目標：我們想一起達成什麼很清楚了。

· 聯合承諾：我們明確地討論過每個人的角色和責任了。

· 聯合資源：我們擁有所需的資源，以完成各自的工作。

· 聯合風險：我們面對的風險在掌握之中。

路卡認為：

· 聯合目標：我們想一起達成什麼很清楚了。

· 聯合承諾：我們的角色不明確，還沒討論過相互的承諾。

· 聯合資源：我們缺少關鍵資源來完成自己的工作。

· 聯合風險：有些風險在控制之中，有些風險則被低估了。

瑪拉認為：

· 聯合目標：有些目標很清楚，有些不清楚。

· 聯合承諾：有些已經討論過了，有些還不明確。

· 聯合資源：有些資源已經到位了，可是要完成工作的話還不夠。

· 聯合風險：我們面對的風險在掌握之中。

傑瑞米認為：

· 聯合目標：我們想一起達成什麼還不清楚，我感到很困惑。

· 聯合承諾：我們的角色不明確，還沒討論過相互的承諾。

· 聯合資源：我們缺少關鍵資源來完成自己的工作。

· 聯合風險：我們面對的風險被低估了。

3
認同投票結果
集體投票的結果是什麼？

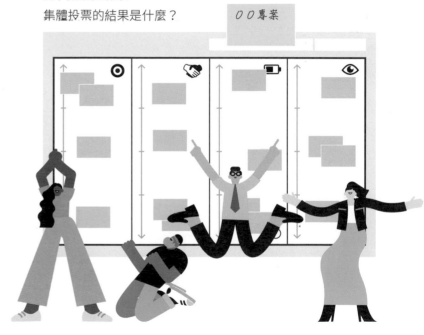

恍然大悟。投票的結果會讓團隊意識到、認知到問題。

第 2 步：想

找出認知差異，經過討論來理解原因。

投票結果垂直分布可以協助團隊理解各成員能不能成功做出貢獻，也能看清楚校準的程度，也就是看清楚團隊成員有沒有相同的看法。

最理想的投票結果是，每一票都在綠區。如果有人把票全部投在綠區，那表示這個人認為：

· 目標很明確。
· 每個人都明確同意自己的責任。
· 資源到位，可以讓大家完成自己的工作。
· 風險都在掌握之中。

換句話說，在綠區的票表示個人要順利做出貢獻的話，所有的要件都符合了。如果整個團隊都把票投在綠區，那表示團隊的想法一致，團隊成員已經校準好了，很可能在成功的路上，因為每個人都認為自己可以順利做出貢獻。

團隊也可能一致有負面的看法，這時多數的票都在紅區，這表示所有的團隊成員都表示他們無法做出貢獻。投下紅區的票就代表有一位或

4

詮釋投票結果

意外嗎？不意外嗎？

這對我們來說是正面或負面的結果？

問題在哪？

多位成員碰到了問題，有件事不清楚，或有個東西少了，需要立刻正視問題。

總結來說，票的垂直位置會顯示出成功的條件足不足，票的位置愈高愈好。票愈集中，表示團隊校準程度愈高。票愈分散，表示團隊校準程度愈低。愈多票在上方的綠區，就愈有可能成功；票若是很分散或集中在底部的紅區，那合作的過程中就愈可能碰到問題。這時候，最好停下來、談一談，及時補救。

綠區

成功的機率較高

（所有的票都在圖上方 1/3 的位置）

若大多數的票都在綠區就沒問題。團隊經過校準，所有人都準備就緒了。不需要再繼續討論，該回去工作了。

紅區

成功的機率較低

（至少有一張或更多票落在底部 2/3 的位置）

如果有票在紅區，那問題很迫切。對團隊成員來說，他們還沒符合成功的要件。最好討論並理解問題在哪裡，及時修復問題。

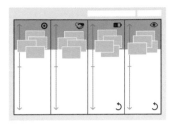

範例一：前進

這是最理想的投票結果。團隊經過校準，有正面的共識，也有足夠的信心，知道每個人都可以成功地做出貢獻。

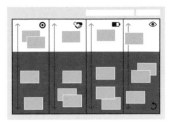

範例二：停下來談談

這 4 欄都要討論和澄清。有些團隊成員認為某些要件沒問題（上方的票），有些人認為每件事都有問題（下方的票）。分散的意見表示校準程度極低。

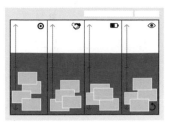

範例三：停下來談談

這 4 欄都要討論。團隊一致有負面的看法：所有的成員都覺得沒有一件事情是對的。

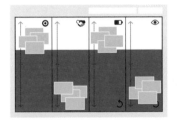

範例四：停下來談談

團隊需要討論為什麼承諾和風險那麼低。對所有的團隊成員來說，聯合承諾不明確、聯合風險被低估了。對整個團隊來說聯合目標看似清楚，資源也到位了。

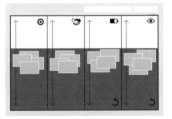

範例五：停下來談談

這 4 欄都需要立刻好好討論。所有的成員都把票投在中間。這種投票結果很典型，就表示專案沒有訂出優先順序，或參與者投入程度不高，或不願意發表意見。

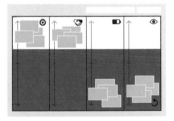

範例六：停下來談談

最後兩欄需要討論。聯合目標和聯合承諾很明確，可是明顯缺乏資源，而且風險不知為何被低估了。新創團隊通常會投出這種結果。最後兩欄一定要好好討論。

5

分析問題

問題的起因是什麼?
認知差距是怎麼造成的?
哪些因素導致了需求要件沒出現在綠區?

這個步驟的目標是要討論紅區的票,以及認知差距的原因──下一頁的探索型問句都可以拿來用。

討論的時間長短可能因狀況而異。例如,缺乏資源的問題,像是軟體工程師說還要再多 3 天才行,這種問題就很好理解。如果是目標不明確、承諾不清楚、或是風險的問題,就需要更多時間才能搞懂。

分析問題用的探索型問句

這些問題可以刺激集體思考，並更深入發掘隱含的議題。這 3 點黃金守則可以讓分析更順利：

‧提問。
‧聽大家的回答。
‧總結後回饋，確認大家的共識。

大原則的問題

你對這個投票有什麼感覺？
你認為問題是什麼？

更深入

聯合目標
‧具體來說，我們要一起完成什麼？
‧我們的專案要怎麼成功？
‧我們必須做出什麼？
‧最後的結果會是什麼樣子？
‧我們要點出哪些挑戰？
‧有什麼計畫？

聯合承諾
‧誰要做什麼？和誰一起？替誰做？
‧每個人的角色和責任是什麼？
‧準確來說，我們對其他人的期望是什麼？

聯合資源
‧我們需要哪些資源？
‧大家要完成自己分內的工作時，還缺了什麼？

聯合風險
‧有哪些因素會讓我們無法成功？
‧最糟糕的情況是什麼？
‧備案是什麼？

第3步：修

採取具體行動，確保下次投票的時候，紅區的票都會移到綠區。

大家都理解問題的根源，那就該重新檢視現狀了。接下來一定要進一步說明，並且做出決策。最後要採取哪些修復行動可能因案而異：

· 澄清或調整某樣東西（任務、期程或 4 欄中的內容）。
· 在團隊校準指南上移除項目或新增項目。
· 做出團隊校準指南以外的決定，更改優先順序、把 1 個專案切分為 2〜3 個等等。

如第 7 點所示，最終的投票結果會確認修復行動的效果，並看出是不是還有殘存的問題。如果大部分的票都在綠區，那評估就很成功了。

6

決定修復行動、宣布
我們應該要採取哪些具體的行動或手段來重新審視現狀？
我們要怎麼做，下次投票的時候才會把票投在綠區？

在決策和行動時可以用上的問句

· 好，接下來呢？具體來說，我們該做什麼？
· 我們現在一定要採取的行動是什麼？優先順序為何？
· 我們要怎麼從現況出發？我們決定了什麼？
· 接下來馬上要進行的步驟是什麼？

+

修復任務與期程
· 釐清任務
· 重新架構任務
· 檢討任務範疇
· 延長期程

+

修復 4 項變數
· 釐清
· 增加
· 移除
· 調整

+

在團隊校準指南之外的修復行動
· 改變優先順序
· 把專案拆成小專案
· 指派給不同的團隊

7
團隊共識
你認為你現在可以做得到你的部分了嗎？

這次投票都在綠區：幹得好！現況修正了，大家都可以回去工作了。

如果有些票還留在紅區：很遺憾，有些問題還存在著。在這情況下就要務實一點：團隊或領導人要決定重啟分析或是往前進。

什麼時候要進行評估

評估有兩種：當專案啟動時（較常見）和專案啟動後（較不常見）。校準的需求在專案剛開始的時候最大，團隊成員漸漸累積共同基礎之後，需求就會降低（見 p. 264〈更深入〉）。可是當脈絡或資訊有變化的時候，可能會產生危險的盲點，這時候就需要即時評估、調校。

	評估準備程度 「我們有沒有好的開始？」	排除障礙的評估 「我們還在軌道上嗎？」
什麼？	・我們準備好要執行了嗎？ ・大家都會盡全力嗎？ ・我們需要或應該做更多準備嗎？ ・我們成功的機會有多少？	・大家都還能盡全力嗎？ ・有沒有哪一項變化導致了盲點，會造成傷害？ ・我們還在成功的路上嗎？
哪時候？	・每週協調會議（會議結束的前 10 分鐘） ・專案起始會議（在會議開始或進行中）	・專案執行會議（會議結束的前 10 分鐘） ・因應需求開會（在會議開始時）
幾次？	比較常（正式啟動前） ・每日 ・每週 ・有需要時	比較不常（正式啟動後） ・每月 ・每季 ・每學期 ・有需要時

案例研究
保健公司
員工 500 名

我們能準時
交付嗎？

席夢是中型保健產業公司的區域主管，她的專案
經理手上平均都有 5 個專案，他們說工作量太
大了。公司裡的流言說客戶關係管理專案可能無
法準時交付，而這個專案對企業來說優先層級很
高。有沒有哪些是席夢該煩惱的呢？

1

找

席夢應需求召開了排除障礙的評估會議，想理解專案能不能
準時交付。4 人受邀參加，各自投票，結果顯示出聯合資源有
問題，所有的團隊成員都認為資源不足以如預期完成工作。

S. Mastrogiacomo, S. Missonier, and R. Bonazzi, "Talk Before It's Too Late: Reconsidering the Role of Conversation in Information Systems Project Management." *Journal of Management Information Systems* 31, no. 1 (2014): 47–78.

2
想

團隊一起想:大家都說工作量太大,導致一直沒時間來完成
所有的任務,所以他們也沒辦法遵守期限。

進一步調查讓席夢發現有些成員在進行優先順位較低的工作,
不在專案範圍或他們的職責範圍內。

組織最近有些調整,不知為何,這項資訊沒有傳遞到團隊手
中。這是會議中的轉捩點:團隊成員發現他們都不曉得組織
的變動。

3
修

席夢解釋說有些活動不必由這個團隊進行了,因為很快就要
外包。她釐清了新的優先順序,並且讓團隊理解這個客戶關
係管理專案的目標。團隊成員都鬆了一口氣,重新投票一次
之後,確認了大家在新的條件下,每個人都能準時完成自己
分內的工作。

最後,客戶關係管理專案準時交付了。

進行你的第一場評估

1 找

2 想

宣布任務、專案或主題
· 挑戰是什麼？

個別投票
· 你認為你能完成你的部分嗎？

看清結果
· 集體的投票結果是什麼？

詮釋投票結果
· 意外嗎？對我們來說，投票結果偏正面或負面？
· 問題出在哪？

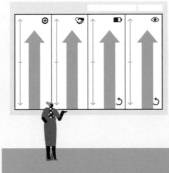

3
修

分析問題

· 問題的起因是什麼?

· 認知差距的起因是什麼?

· 有哪些因素導致了需求要件不在綠區?

**決定修復行動,
加以宣布**

· 我們應該採取什麼具體
行動或手段來重新檢視
現狀?

· 要做什麼,下次投票的
時候,多數的票才會去
綠區?

團隊共識

· 你認為你現在可以做好
你分內的工作了嗎?

將指南付諸行動

如何運用團隊校準指南？

「能不能創造差異，差別
就在於資訊。」

人類學家　葛雷格里・貝特森 (Gregory Bateson)

概要

以成功的會議為基石，學習在會議、專案（加上時間）和組織（加上時間和團隊）裡應用團隊校準指南。

2.1
用團隊校準指南來開會

主持更有生產力、能馬上行動的會議。

2.2
用團隊校準指南來執行專案

降低專案風險、減少執行問題。

2.3
用團隊校準指南來校準整個組織

讓領導人、團隊和部門能建立共識，
打破內部的資訊地窖。

2.1
用團隊校準指南來開會

主持更有生產力、能馬上行動的會議。

我們要不要再另外開一場會議？

技巧｜如何主持更有生產力、能馬上行動的會議

逃離無限迴圈的對話。在會議中運用團隊校準指南，讓大家從對話朝行動噴射前進，讓團隊聚焦，協助所有人採取行動。

✓

建議這麼做

運用團隊校準指南協助參與者動手、協調並且讓整個團隊完成目標。

✕

不建議這麼做

不要用團隊校準指南來腦力激盪或辯論。這項工具不是設計來進行探索式的討論。

讓團隊聚焦

架構對話，少花時間在無聊或讓人困惑的會議上。

團隊校準指南可以用來替會議下結論，讓團隊聚焦在具體的下一步。這會鼓勵組織開些有效的會議。會議愈來愈不受歡迎，而且大家都覺得浪費時間，可是會議本身不是問題：面對面互動是世界上最好的協作方式（詳閱〈更深入，溝通管道對於開創共同基礎的影響〉，p. 276）。問題在於會議裡到底在討論什麼。團隊校準指南可以用邏輯的方式架構對話，讓大家更容易理解、參與並同意接下來的發展，所以能幫上忙。

→

運用團隊校準指南來

· 加速互動、節省時間。

· 聚焦討論，減少誤會。

利用團隊校準指南來開限時會議。

· 會議限時（30 分鐘、60 分鐘、90 分鐘）。

· 大家都有議程。

· 討論主題。

· 利用「依序推演」和「反向驗算」來釐清誰要做什麼，畫下結論。

· 團隊校準指南拍照後分享給大家。

也可以在一開會的時候就讓大家積極地在團隊校準指南上填空。討論過主題後，只要有必須採取的具體行動，就要新增聯合目標，然後快速進行依序推演和反向驗算。

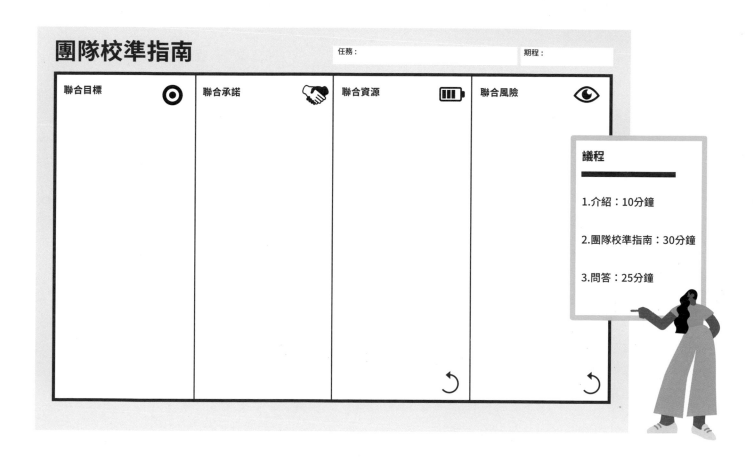

團隊校準指南

任務：

期程：

聯合目標	聯合承諾	聯合資源	聯合風險

議程

1.介紹：10分鐘

2.團隊校準指南：30分鐘

3.問答：25分鐘

提升團隊成員的參與度

老是在推著別人前進，你，累了嗎？

把任務架構成吸引全隊的挑戰。如果一開始的時候參與感不足，那麼投入和掌握的程度就不夠高。把任務建構成有挑戰的問題，讓所有的團隊成員直接反應在團隊校準指南上。一起回應會讓參與者投入更多能量，讓所有參與者可以在 2、3 分鐘或 5 分鐘內做足準備和回應，讓每個人（尤其是內向的人）都可以發聲，強化創造力，而且會讓團隊覺得很公平。

→

運用團隊校準指南來

· 讓成員投入情緒，創造我們都在同一條船上的思維。
· 把團隊凝聚成真正的團隊，校準每個人的個別目標與團隊集體
  的目標。

把任務建構成有挑戰性的問題。

· 將任務建構成問題、挑戰或大家都理解的問題。先從
  「我們要怎麼……？」、「我們能怎麼……？」、「如
  何……？」開始。
· 確保大家都理解這個問題。
· 給大家 5 分鐘的時間準備（依序推演）。
· 給每人 2 分鐘分享他們依序推演的過程。
· 整合並一起進行反向驗算。

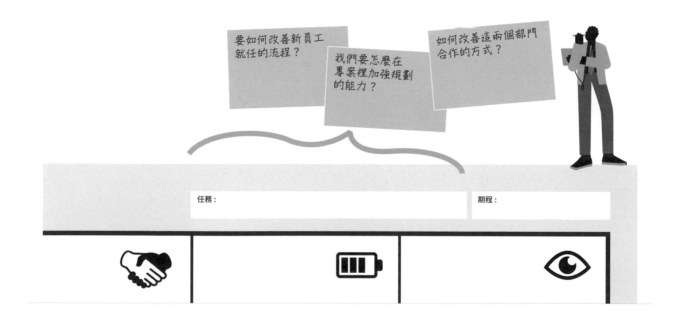

增強會議效果

少廢話、多行動。

沒人負責？目標變成風險。逼團隊同意現在誰要做
什麼，只會讓大家持續說廢話和八卦，別再這麼做
了。要確定每個人的貢獻都可以在團隊校準指南上
看到，都能理解，而且其他團隊成員都能同意，來
強化影響。讓每個人都知道如果沒有人關心聯合目
標的風險就是……一事無成。

→

運用團隊校準指南來
· 從動口到動手，知道誰要做什麼。
· 踏實；沒人承諾的目標就是風險。

明確承諾，以行動代替嘴砲。

· 執行依序推演和反向驗算。
· 確保每個聯合目標都有聯合承諾；如果有必要，就加上執
  行期限。
· 把所有（沒有聯合承諾）的浮動目標都移到聯合風險（第
  4 欄）。
· 團隊校準指南拍照後分享給大家。

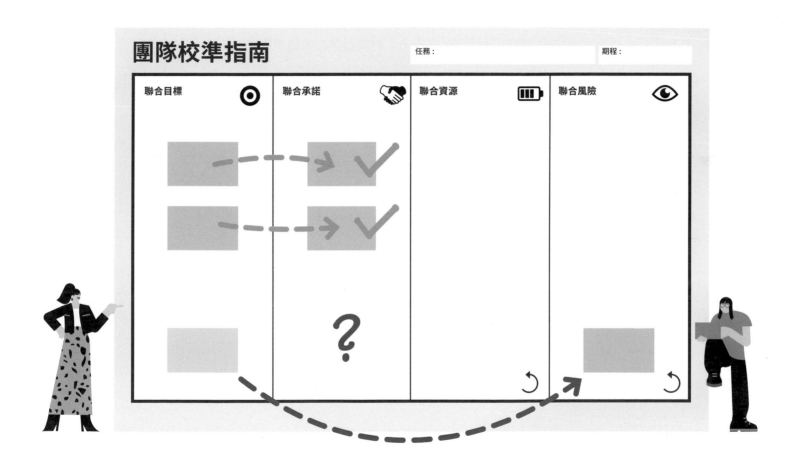

充分資訊下，做出好決定

找出協作的盲點與問題，並且做出更好的決策，讓大家知道要做什麼、不做什麼。

用團隊校準指南進入評估模式來投票，可以協助團隊成員明確看到成功的機率。評估過程會讓人看出認知偏差，校準過的團隊比沒有校準過的團隊更可能成功。省下預算：評估的流程很快，所以不要錯過這個評價的機會，用視覺化的方式來校準，決定要不要投入資源或是要不要更多準備。

→

運用團隊校準指南來

· 積極偵測議題，找出盲點。

· 充分資訊下做出決定，省預算。

利用團隊校準指南來評估團隊的準備程度並排除障礙。

· 用團隊校準指南評估 (p. 102)。

· 用投票來做決定。

+

祕訣

· 如果時間倉促，問題可以在合理範圍內快速解決，就迅速安排另一場會議。在第 2 場會議結束時，再評估一次，確認所有的問題都有好好提出來。

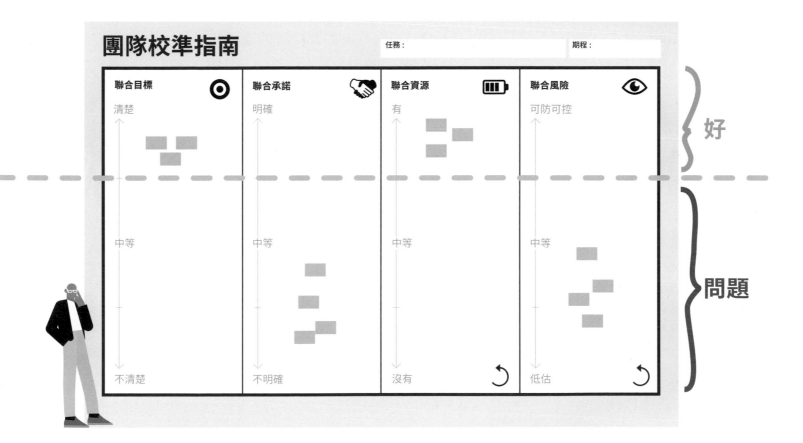

案例研究
人權組織
36,000 名員工

用人力資源資訊系統將薪酬、休假、合約管理都標準化

執行長下令的任務

我們真的同意嗎？

葉絲敏服務的人權組織總部在歐洲。她負責利用一套新的人力資源資訊系統建立全球的人資標準流程，這項任務由執行長直接指派，全球 5 個國家的 13 位成員都會參與這個專案。大家似乎都認同執行長，可是葉絲敏有些懷疑。她決定用團隊校準指南來評估專案團隊。她的直覺對嗎？

1

找

投票顯示出成員似乎對於聯合目標、聯合資源和聯合風險有共識，可是聯合承諾的部分好像有問題。

S. Mastrogiacomo, S. Missonier, and R. Bonazzi, "Talk Before It's Too Late: Reconsidering the Role of Conversation in Information Systems Project Management." *Journal of Management Information Systems* 31, no. 1 (2014): 47–78.

用人力資源資訊系
統將薪酬、休假、
合約管理都標準化

2
想

討論聯合承諾那一欄的認知差距。團隊很快就發現承諾不是
問題。任務很模糊，大家的理解都不同，所以聯合目標太空
泛了。每個人都各自解讀，做出承諾，所以才會看到問題。

3
修

團隊決定要把現有的任務拆成 3 份子任務，建立 3 張新的團
隊校準指南。他們針對每一張都進行了依序推演和反向驗算，
並且以投票的方式確立共識。投票的結果證實了團隊經過校
準，對接下來的發展有信心。葉絲敏終於鬆了一口氣。

專家這麼做

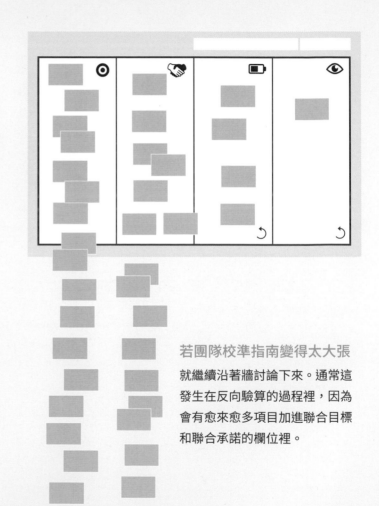

沒有共識或明確度不夠高的時候

把不明確的項目移到聯合風險那一欄。校準的目的是要讓雙方在離開會議室的時候都明瞭狀況，也有共識。如果有人覺得團隊校準指南上的內容很模糊，或在會議中沒有共識，就把這個項目移到聯合風險那一欄，表示需要更多討論。只有當大家都覺得這個項目很明確而且有共識的時候，才能離開聯合風險這一欄。

若團隊校準指南變得太大張

就繼續沿著牆討論下來。通常這發生在反向驗算的過程裡，因為會有愈來愈多項目加進聯合目標和聯合承諾的欄位裡。

如果該來的人沒來或遲到怎麼辦

花幾分鐘的時間向遲到的人簡短說明,讓他們可以馬上參與討論、做出貢獻。團隊的成功會從共同基礎起跳。如果該參加會議的重要人物沒來,那就安排一對一的更新會議,讓他們知道哪些事情對團隊的成功很關鍵。

辨識風險:情緒也是關鍵績效指標 (KPIs)

恐懼、反對或任何情緒反應都是很好的線索,可以找出問題。我們生來就會察覺問題:恐懼、憤怒、悲傷、厭惡都代表一些隱藏的潛在風險。釐清事實法 (p. 216) 可以幫你問出好問題,找出負面情緒背後隱藏的問題。

2.2
用團隊校準指南來執行專案

降低專案風險、減少執行問題。

技巧 | 如何降低專案風險、減少執行問題

如果對專案很關鍵的主要人物校準程度低落，那就會損失大量的能量和資源。資訊不流通，執行問題會像滾雪球一樣，吃掉更多成本和時間、拖垮品質，連累顧客滿意度。專案領導人或專案經理最重要的任務，就是打一開始就讓大家都清楚要做哪些事情，且隨著時間推移，一直維持校準的程度。重要關係人都應該持續掌握資訊，分享新資訊。

✓

建議用來執行專案

對任何專案團隊來說，不管新手或資深團隊，這些技巧都可以單獨使用，也可以搭配你喜歡的專案管理工具，不管你用瀑布式或敏捷式專案管理原則都適合。

✗

不建議用來運營

這套技巧不適合運營團隊實際操作，假設一個團隊已經在執行穩定、大量、重複的活動就不適合，除非眼前有個專案。

好的開始是成功的一半

p. 150

架構對話，少花點時間在無聊或讓人困惑的會議上。

維持校準程度

p. 152

在專案期間保持同步。

監控任務的進展

p. 156

利用團隊校準看板在一張海報上校準並追蹤進度。

減少風險（並樂在其中）

p. 160

整個團隊一起用視覺化的方式消弭風險。

校準分散的團隊

p. 162

運用線上白板克服距離的障礙。

好的開始是成功的一半

壞的開始會讓成本增加。

團隊校準指南可以在一開始就迅速建立清楚的藍圖，不管你的團隊在進行專案計畫（瀑布式）或是發表計畫（敏捷式），每個參與者都必須找到自己的定位。

一開始就強勢校準需要下功夫，但整個專案進行期間都可以感受到具體的益處。

千萬別忽略一開始的校準活動。一開始就摩拳擦掌、迫不亟待、立刻開工的團隊沒有校準成員間的共識，就會立刻爆出需求，得召開協調和危機委員會。進行專案的時候，好的開始最重要。

→

運用團隊校準指南來
· 調校團隊，增加成功的機會。
· 讓執行階段更平和、更受控。

專案開始的時候先開團隊校準會議。

· 建立共識或確定共識，讓大家在行動前就透過團隊校準指南清楚誰要做什麼。
· 在開啟專案的時候，先開團隊校準會議。根據經驗，等團隊有共識之後再啟動專案比較睿智。

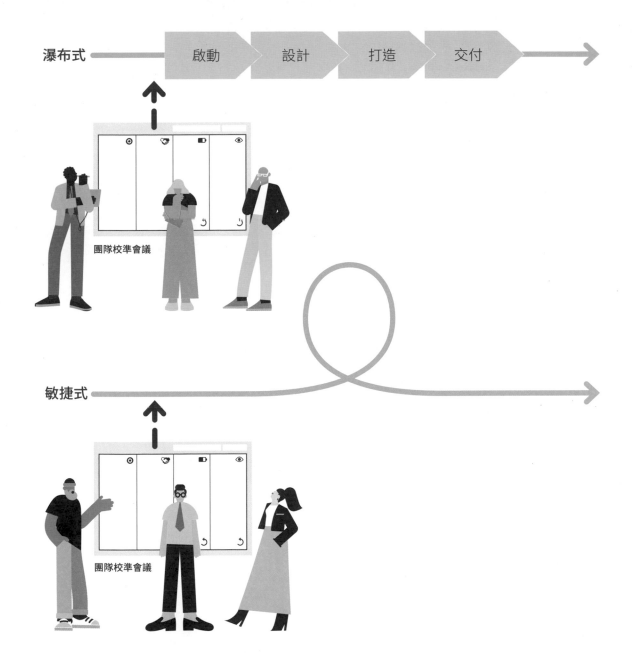

瀑布式 啟動 設計 打造 交付

團隊校準會議

敏捷式

團隊校準會議

維持校準程度

在專案期間保持同步。

整個專案期間,都要一直努力校準嗎?不,若團隊在一開始就校準好,那麼接下來在校準上的投入就可以隨時間遞減;不會像是校準不良就動手的團隊,會因為認知差距體驗到愈來愈多問題。

→

運用團隊校準指南來

· 在對的時間點,投資在對的努力上。

· 避免過度合作。

專案開始時,先開團隊校準會議。

· **瀑布式專案:**在初始或規畫階段,每週或每月召開團隊校準會議,接下來到了執行和交付階段,就只要在有需要的時候開。

· **敏捷式專案:**每次衝刺開始的時候,快速進行團隊校準會議,會議時間會愈來愈短。

瀑布式專案的校準需求

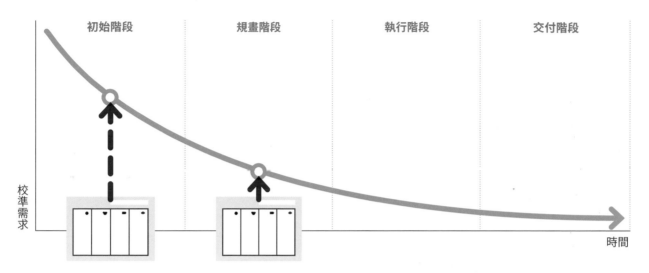

敏捷式專案的校準需求

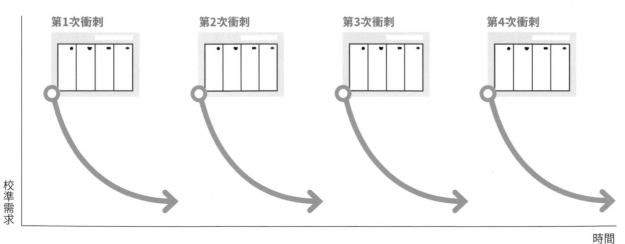

4種簡單的方式，
讓你能運用團隊校準指南
來維持校準程度

第1場會議　　　　　第2場會議　　　　　第N場會議
規畫　　　　　　　　規畫　　　　　　　　規畫

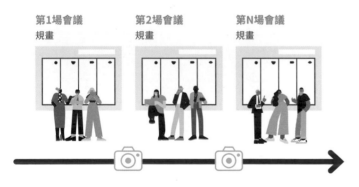

每週

建立初期團隊校準指南，拍照之後分享給所有成員。下次開會的時候，再參照上一張校準指南的照片，針對下一個期程寫一張新的團隊校準指南。

第1場會議　　　　　第2場會議　　　　　第N場會議
規畫　　　　　　　　評估(檢查)　　　　　評估(檢查)

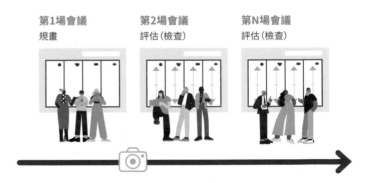

啟動和核對時

開始的時候只要開一次團隊校準會議，拍照分享給團隊。接下來只要在每場會議結束前迅速地評估，確定每件事都在軌道上。如有必要，就在原本的指南上更新資訊。

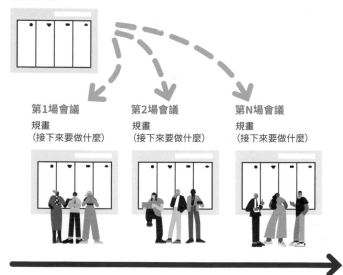

規畫
(整個專案)

第1場會議
規畫
(接下來要做什麼)

第2場會議
規畫
(接下來要做什麼)

第N場會議
規畫
(接下來要做什麼)

整個專案和每週

團隊建立好了就可以涵括整個專案。每週針對 1 週的工作寫新的團隊校準指南。

第1場會議
評估

第2場會議
評估

第N場會議
評估

快速檢查

若團隊有用其他專案管理工具和方法,可以在重要會議結束前利用團隊校準指南來快速檢查。

監控任務的進展

利用團隊校準指南的看板樣式，在一面牆上就能校準和追蹤工作進度。

校準團隊和追蹤工作是兩種不同的活動，一般來說追蹤工作都是在專案管理的平臺上。但對中小型專案有成本較低的解決方案：在牆上貼團隊校準指南，增加 3 個簡單的欄位，就可以模擬看板。

→

運用團隊校準指南來

・在一面牆上就校準和監控進度。

・使用簡單且成本低廉的解決方案，

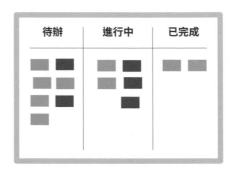

看板提供了簡單又強大的結構，可以監控進度。工作項目（有顏色的便條紙）可以在這 3 欄之間移動：「待辦」欄放的是大家都同意而未定的項目。「進行中」則是團隊成員正在執行的項目。「已完成」則是已經結束的項目。

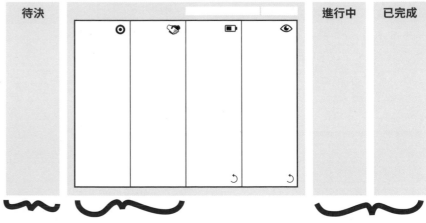

待決欄就是個「收件匣」，存放團隊還沒有討論或一致認同的想法和目標。

聯合目標和聯合承諾合在一起就是傳統看板上的「待辦」項目。

看板剩下的位置。

利用團隊校準指南的看板樣式，監控任務的進展。

· 設定任務。

· 在待決欄寫下新的想法和目標。

· 針對最重要的項目進行依序推演和反向驗算。

· 根據成員的進度，逐漸把聯合目標和聯合承諾裡的項目
　（待辦）移到進行中或已完成欄位。

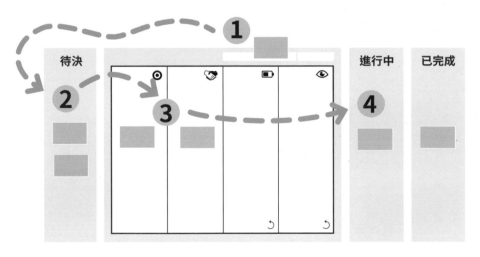

實際運用看板樣式 搭配團隊校準指南

把牆面分成 3 大區域:緩衝、釐清、追蹤。

緩衝

待決欄(或收件匣)
包含了還沒討論的想
法、目標或功能。

釐清

在動手之前運用團隊
校準指南來校準。

追蹤

監控工作進度。

待決						進行中	已完成

泳道水道

畫出平行線來區分專案或主題
(在敏捷管理中稱為泳道水道)。

範例

- 團隊任務是增加線上市占率。其中一項還沒確定的想法就是重新設計網路商店。
- 佩卓承諾，若有 3 萬美元的預算可以用來購買所需的證照，就可以改善網路商店（依序推演）。
- 行銷主管卡門承諾會盡速找出這筆錢（反向驗算）。
- 卡門宣布預算沒問題，佩卓開始重新設計。他們把聯合承諾（待辦）放入進行中和已完成的欄位。
- 在進行中和已完成的欄位可以隨時看出誰在做什麼、完成了什麼。

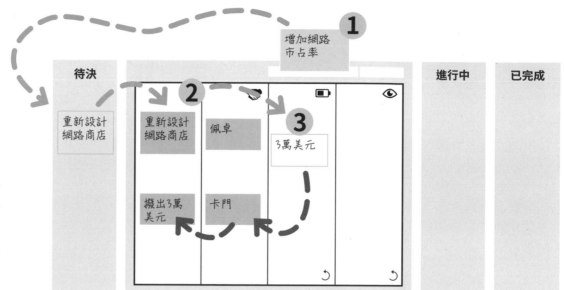

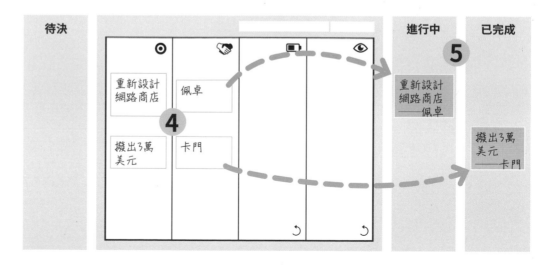

減少風險（並樂在其中）

整個團隊一起用視覺化的方式消弭風險。

專案團隊有時會忽略了風險管理。的確，花很多時間逐行填寫試算表會讓人厭世。

但這作業如果是團隊在校準會議上，用視覺化的方式進行，就會有趣得多。這就是反向驗算存在的理由。把便利貼拿掉就是解決問題──可以具體看出進展，激勵團隊。

→

運用團隊校準指南來

· 無縫消弭專案風險。

· 增加團隊在專案管理的責任感。

進行並強調反向驗算。

· 為專案進行依序推演和反向驗算。

· 堅持反向驗算：確保最後兩欄都清空，沒有關鍵元素。

· 若時間不夠，就安排另一場會議。

· 團隊用投票的方式建立共識，拍下團隊校準指南和投票結果。

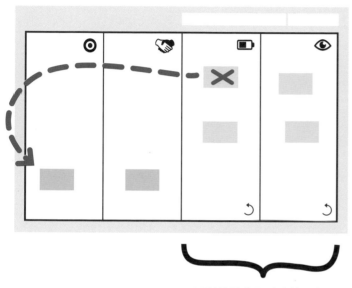

團隊挑戰完全清空這兩欄。

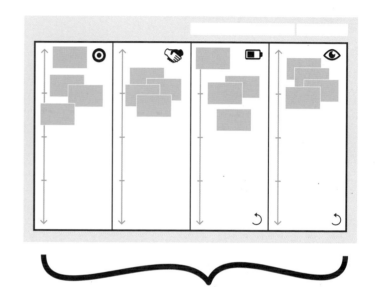

最後用投票結果做出結論（最理想的共識會投出這個樣子）。

校準分散的團隊

運用線上白板克服距離的障礙。

只要利用 Miro 或 Mural 等線上白板，就可以遠距校準分散的團隊，還有其他強大的功能：

· 海報無限大，掃除各種實體限制。
· 同步和非同步協作。
· 聊天和視訊會議。
· 附上影片、文件和意見。

現場團隊也可以運用這些功能，另外還可以看到過去更新的記錄、不同的版本、封存檔案並整合強效的專案管理工具。

→

運用團隊校準指南來

· 在你喜歡的線上白板建立範本。
· 遠距校準，並維持校準程度。

拿團隊校準指南當背景。

· 在你喜歡的線上白板用團隊校準指南建立範本。
· 遠距校準，並維持校準程度。

+

祕訣

· 用視訊的方式進行第一場團隊校準會議，才能獲得語言文字以外的資訊。
· 建立看板樣式的團隊校準指南，在一面白板上就能校準並監控進度 (p. 156)。
· 要用團隊校準指南評估的時候，建議用線上問卷代替線上白板。

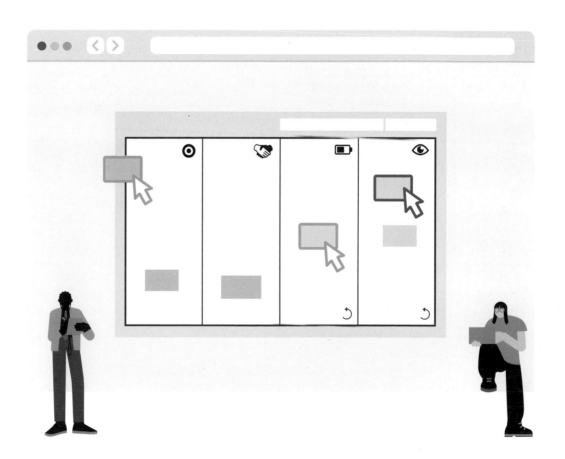

專家這麼做

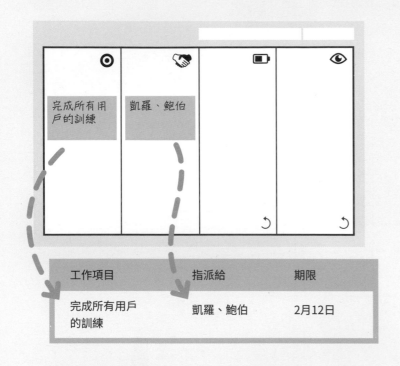

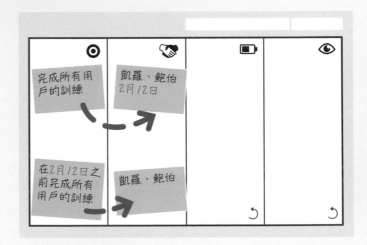

用線上工具追蹤工作進度

把目標和承諾理解為工作項目和指派對象。聯合資源和聯合風險也可以用同樣的方式轉移。

增加交付日期和里程碑

日期和期程可以直接加在聯合目標或聯合承諾的便條紙上。第 1 欄聯合目標也可以加上里程碑。

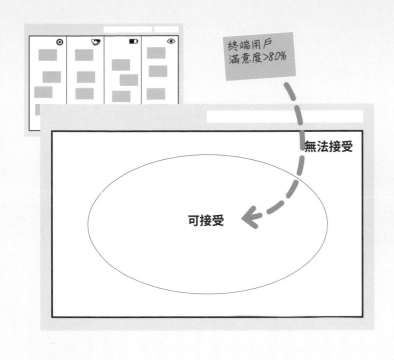

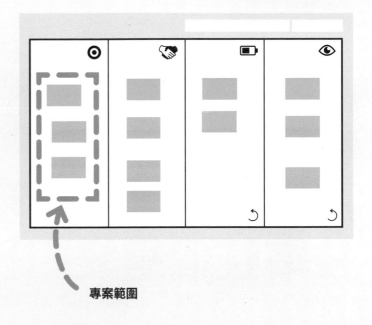

增加成功條件

運用團隊合約來討論並延續成功條件（參見 p. 196）。團隊校準
指南著重於校準聯合活動，而團隊合約訂出遊戲規則。

如果有些目標不在團隊校準指南上怎麼辦？

那就是超過任務範圍了。

2.3
用團隊校準指南來
校準整個組織

讓領導人、團隊和部門能建立共識，打破內部的資訊地窖。

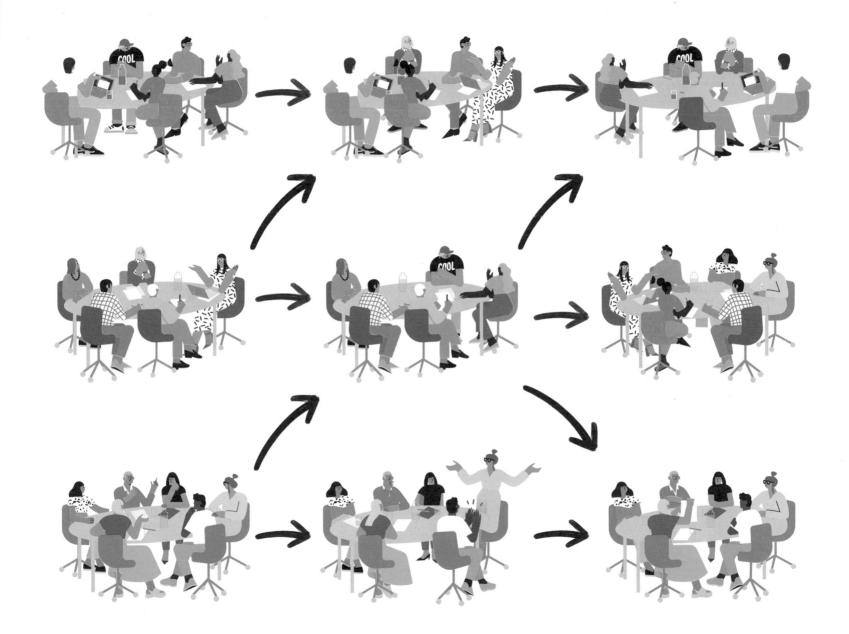

技巧 | 如何跨團隊校準

高素質的人才和團隊若孤立在職能高塔裡，就無法根據新流程落實新的商業模式、實踐新的顧客體驗、開發新的產品和服務。複雜的挑戰就需要有效的跨職能部門協作，並且讓參與者理解要如何將策略轉譯為每個人具體的日常行動。

這些技巧可以讓策略流程更完整，或是在展開新的策略倡議時，融入自然有機的校準活動，促進跨職能部門的工作，並且有規模地投入參與。

✓

建議用於有機的變化管理

建立共享的流程和語言，來創造有機的改變，讓團隊獲得力量，改善團隊間或不同主管間的對話。

✕

若沒有高層支持則不建議

在集合團隊之前，要確保自己的權責充足。這項倡議愈跨職能部門，就愈需要高層授權，才能避免政治煙硝，適得其反。

團隊賦能

p. 172

逃離能者過勞的超級英雄角色。

動員大團體

p. 174

動員數十人或數百人。

跨部門、跨職能的協作

p. 176

協助跨職能團隊更成功。

資源協商與分配

p. 178

同儕間或者向主管進行資源協商。

整合團隊校準指南與策略流程和策略工具

p. 180

整合團隊校準指南與商業模式圖。

評估策略倡議的準備程度

p. 182

評估數百個利害關係人的準備程度。

團隊賦能

逃離能者過勞的超級英雄角色。

當 (1) 團隊成員因為不理解策略方向，所以無法在資訊充足的情況下做決定，以及 (2) 大家缺少了他們所需要的資源和條件，這時候團隊的表現就會很差。

身為團隊領導人，團隊校準指南賦能會議可以協助你處理這兩種問題。你可以設定方向（任務）並加以解釋，團隊獨立負責「如何達成」（依序推演），消弭風險，並一起協商資源（反向驗算）。

這個方法很像是音樂串流平臺 Spotify 所說的「校準後自主」(Aligned Autonomy)。團隊用這個簡單的公式賦能：自主＝授權 × 校準程度 (Henrik Kniberg, 2014)。任務是由領導層訂的（授權），團隊負責「如何達成」（依序推演和反向驗算），這一切都會在持續對話中發生（校準）。

→

運用團隊校準指南來
· 有效率地委派工作。
· 協助團隊自我組織，增強自主性。

運用團隊校準指南來為團隊賦能。

角色與責任
領袖——負責「什麼」與「為何」
· 溝通任務：哪些挑戰一定要被點明，哪些問題一定要解決，為了什麼原因。
· 設定短期目標。
· 將團隊所需的資源分配下去。

團隊——負責「如何」
· 找到最好的解法。優化使用資源的方式。
· 若有必要，就和其他團隊協作。

運用團隊校準指南召開快速賦能會議（60 分鐘）。

· 任務（5 分鐘）：領導人指派清楚的任務給團隊（「什
　麼」與「為何」），訂下短程目標（聯合目標）。領
　導人離開會議室，等到第 3 步再回來。
· 依序推演（30 分鐘）：團隊獨立進行依序推演；團隊
　再自己定義「如何」，此時權責會更明確。
· 簡報（5 分鐘）：領導人回來，團隊簡報依序推演的結
　果。
· 反向驗算（20 分鐘）：由團隊和領導人一起進行——
　資源要協商和分配，在團隊校準指南上新增、修改和
　移除內容來一起消弭風險。
· 建立共識：由領導人和團隊一起認同這份指南。

+

祕訣
· 將任務架構成一項挑戰，增加參與度（見「提升團隊
　成員的參與度」，p. 134）。
· 運用團隊合約來定義「我們要如何合作」的規則、流
　程、工具和共識點 (p. 196)。

團隊　　　　　　　　　　　領導人

動員大團體

如何動用大型團隊。

投入來自參與感。就這樣。動員大型團隊需要大量的時間與精力，尤其是需要召開很多場團隊校準會議的時候。但每一分花在校準上的錢都很值得，因為團隊愈大或倡議的規模愈大，財務風險和失敗的機率愈大。若要避免預算嚴重超支和其他執行災難，就必須在一開始就調校妥當。

所以訂個大場地，把人分成小組，同時進行校準，讓每個參與者都有發言的機會，把意見整理好之後讓大家看到結果，再做決定，最後才行動。

→

運用團隊校準指南來

· 使參與者更服氣、更投入。

· 減少財務風險。

動員大型團隊。

· 分組（5 分鐘）：把參與者分成 4 至 8 人一組。
· 小組校準（30 分鐘）：同時進行團隊校準會議，分派各組討論同一個母任務，或各組的子任務。
· 簡報（每小組 5 分鐘）：每組將自己的團隊校準指南簡報給其他組聽。
· 整合（會後）：如果可以的話，由引導或主持會議的人統整所有的討論結果到一張團隊校準指南上。
· 分享（會後）：把統整好的結果傳給所有的參與者，要列出大家所做的決定和原因。

在校準程度充足之前，可以反覆進行。線上團隊校準會議可以協助確認大型團隊的校準程度。

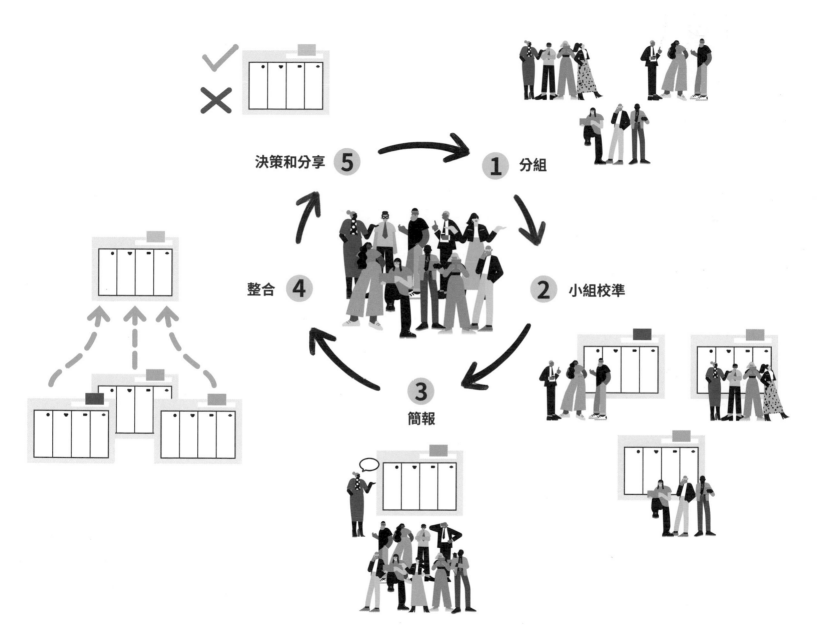

決策和分享 5

1 分組

整合 4

2 小組校準

3

簡報

跨部門、跨職能的協作

協助跨職能團隊更成功。

當組織內對任務和目標沒有共識，跨職能團隊就很容易被拖累，因為互相依賴無法管理，而且政治鬥爭會搶奪內部資源。建立支持跨職能工作的脈絡，就要先校準會被影響的團隊、分派共同的短期目標、讓團隊討論和協商出一致的目標。這可以在校準工作坊中運用團隊校準指南，讓大家集中注意力，和領導人或其他團隊校準任務和目標來達成。

→

運用團隊校準指南來

· 創造共通的語言和流程，設定共同的目標。

· 提升文化，建立新的協作方法。

用團隊校準指南支援跨職能工作。

3 小時，至多 6 小時

- **任務**（10 分鐘）：領導人為團隊建立並說明清楚母任務（「什麼」與「為何」），或許可以加上共同的聯合目標。領導人離開會議室，等到第 3 步再回來。

- **依序推演**（1 小時）：團隊定義他們要如何直接對母任務做出貢獻，或定義子任務，各自獨立進行依序推演。

- **簡報**（每組 5 分鐘）：領導人回到會議室，各組向所有組別簡報依序推演的結果，讓大家更明白誰會做什麼。若有子任務，領導人這時候確認子任務與每一張團隊校準指南。

- **反向驗算與協商**（1 小時）：一組一組地在團隊校準指南上增加、調整和移除內容，來協調和分配資源、消弭風險。增加新的目標之後，可能會需要再進行一次依序推演和反向驗算！領導人一組一組地確認大家都理解，然後接下大家的要求。

- **總結，進行下一步**：領導人總結並宣布接下來的會議會提出意見回饋並做出決定。

+

祕訣

- 建立一份或多份團隊合約來釐清或改變遊戲規則（p. 196）。

校準任務與目標

領導人

策略任務

共同策略目標

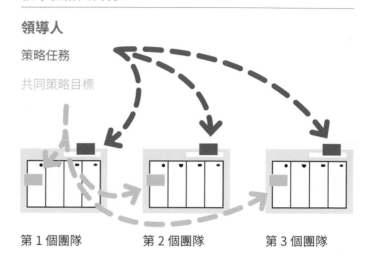

第 1 個團隊　　　第 2 個團隊　　　第 3 個團隊

團隊

團隊提出的意見

團隊與團隊間共同的目標

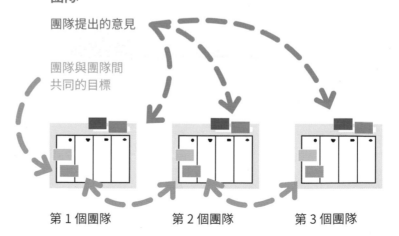

第 1 個團隊　　　第 2 個團隊　　　第 3 個團隊

資源協商與分配

如何整合團隊校準指南與商業模式圖。

對所有專案來說,資源協商都是關鍵。不管是團隊之間要協調資源,或是要和主管協商,以下這兩項基本原則都一樣:

· 說明資源、聯合目標與任務之間的關係來爭取缺少的資源。
· 如果不成功,那麼有關的聯合任務就要移除或調整。

→

運用團隊校準指南來
· 描述一致的故事,獲得更多資源。
· 讓任務和聯合目標更務實。

選項一
和主管協商

· **由團隊進行依序推演和反向驗算。**安排向主管簡報的時間,協調所有缺少的資源。
· **向主管簡報和協調**:團隊校準指南可以用有邏輯的方式提供脈絡,來討論和協調缺少的資源,如果資源無法到位,那就要調整或移除相關的目標。

選項二
團隊間協商

· 各團隊在獨立的團隊校準指南上進行**依序推演和反向驗算。**
· 各組在協商之前討論**協商條件**、獲得共識，並確定優先順序。
  條件可以用質化（低、中、高）或量化（1至5）來測量，每個條件可能一樣重要，或是可以加權（50%、30%、20%）。
· **簡報和協商**：團隊互相呈現自己的團隊校準指南，各個團隊根據協商條件來交換籌碼。

+

哪些條件的優先次序最高？

急迫性、衝擊度、顧客價值、對策略的影響等，這些可以避免團隊在原地打轉，也能讓團隊做出有意義的取捨。

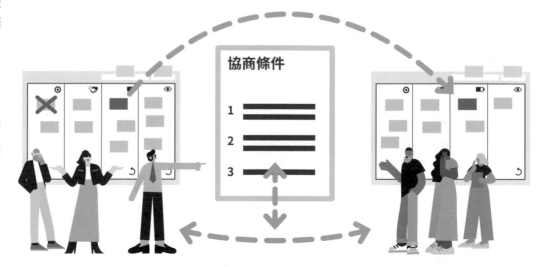

整合團隊校準指南與策略流程和策略工具

在同儕之間或向管理層協調資源。

團隊校準指南可以無暇地和商業模式圖整合在一起，商業模式圖是個用來設計企業策略的架構和工具。只要把元素在商業模式圖和團隊校準指南之間移動，讓團隊自行整理歸納，策略的操作度就會很高。這樣一來，大家都會覺得自己是這流程的一分子，也理解專案的規模，還能讓團隊都信服。

→

運用團隊校準指南來

· 增加策略的操作可行度。

· 輕鬆整合商業模式圖。

搜尋關鍵詞：商業模式圖、創造商業模式、亞歷山大·奧斯瓦爾德。

整合商業模式圖。

· 運用商業模式圖設計策略。

· 運用團隊校準指南讓關鍵策略目標更好操作，方式如下：

　· 分派任務（例如：第 1 組）。

　· 分配目標（例如：第 2 組）。

　· 分派交錯的目標（例如：第 3 與第 4 組）。

· 或許可以在工作坊，當所有受影響的團隊都在場且能互動的時候，讓團隊運用依序推演和反向驗算，自行歸納整理。

持續重複進行到團隊校準程度足夠為止。線上團隊校準指南評估也可以用來確認校準的程度。

+

祕訣：

· 先討論商業模式圖上的關鍵活動，這是個很好的起點。

· 瀏覽商業模式圖的其他部分，找出要執行的策略目標。

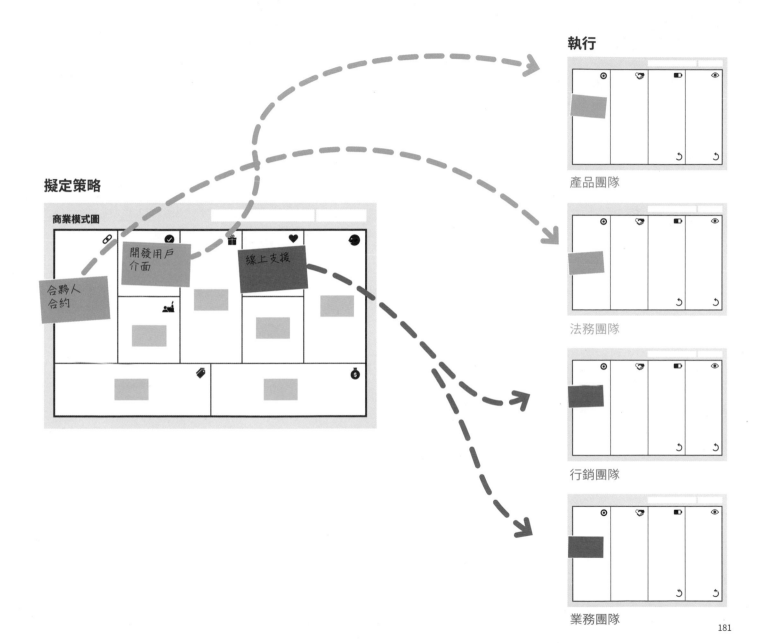

執行

擬定策略

商業模式圖

合夥人合約

開發用戶介面

線上支援

產品團隊

法務團隊

行銷團隊

業務團隊

評估策略倡議的
準備程度

若牽涉數百人，如何評估各項倡議成功的機會。

我們的策略倡議是否定位清楚，可以成功落實？我們是不是該準備得更周全？有沒有需要任何即時的決策和行動？

如果牽涉數百人，很難掌握策略倡議的每個脈動。迅速運用團隊校準指南來進行線上評估，問參與的這數百人他們認為自己能不能順利地做出貢獻。累積出來的結果可以作為指標，看出這項倡議成功的機會。這沒有太空科學那麼複雜困難，可是卻能幫你的公司省下好幾百萬元。只要在大型協調活動中透過投票平臺就能即時評估，透過電子郵件把問卷工具發出去也行。

→

運用團隊校準指南來

· 減少執行風險。

· 讓每個人匿名地自由投票。

運用團隊校準指南來線上評估。

在線上問卷工具裡應用這個範本來進行線上評估：

身為【○○**倡議**】的一分子，我個人認為：

· 聯合目標很清楚 (1-5)。

· 聯合承諾定義明確；所有人員和團隊的角色都很清楚 (1-5)。

· 聯合資源都到位了 (1-5)。

· 聯合風險都在控制中 (1-5)。

1 = 強烈不同意

5 = 強烈同意

線上工具會用數線，這樣團隊校準指南就要轉 90 度。

+

祕訣：

· 依主題或團隊來評估：根據策略主題、產線、專案項目、團隊等進行多場表決，以獲得更細緻的評估結果。

· 匿名表決需要勇氣：投票可能會透漏出意想不到的驚喜。

紙本評估和線上評估的差異

紙本　　　　　　　　　　　　輸入　　　　　　　　　整合後的結果

 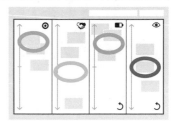

線上　　　　　　　　　　　　輸入　　　　　　　　　整合後的結果

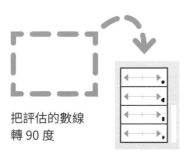

把評估的數線
轉 90 度

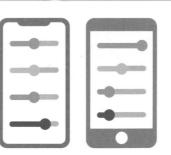 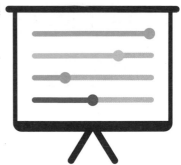

案例研究
保險集團
71,000 名員工

我們準備好要啟動策略倡議了嗎？

奧利維亞在保險集團裡帶領一項野心蓬勃的轉型計畫，任務是要透過自動化與營運活動去在地化來減少開支。這項計畫共有 4 條策略軌道，每一條又各自擁有好幾項專案，預算高達數千萬美元。執行長奧利維亞和專案委員會擔心團隊可能還沒準備好要落實如此劇烈的轉變。在專案啟動後沒多久，他們都同意要和涉入專案的 300 人一起評估計畫準備程度。

這會證實奧利維亞的顧慮和恐懼嗎？

1

找

投票結果顯示出每個變數的校準都相當不一致，這是最糟的狀況。領導團隊沒想到大家的認知差距這麼大。

2
想

分析討論透漏出計畫最核心的部分根本還沒
準備好要開始，這影響了所有投票的結果。

3
修

整個計畫的啟動日期無限往後延。同時安排
多場工作坊，來討論有問題的部分。公司決
定在沒有解決關鍵問題之前，不要啟動計畫。
幸好他們還有預算，也還沒有虛耗重要資源。

專家這麼做

成功的轉型倡議

我們所經歷過的成功轉型計畫都符合這 3 個條件：

- **好的開始**：目標很明確，主要的利害關係人都順利就位。
- **動能持續**：議程上都鎖定了日期，團隊能積極主動地維持校準程度。
- **主管支持**：最高層管理階級都能提供支援、表現決心。

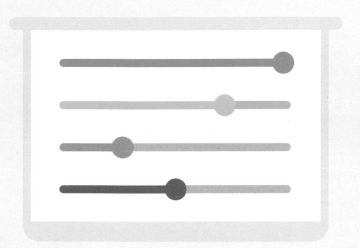

遇到大型團隊，透過線上問卷來評估
比較容易也比較迅速。

團隊成員間的信任感

創造高度信任的氣氛、
提升心理安全感的 4 項工具。

「在人類的關係中，
所有的預測都和信任
感有關。」

心理學家　保羅・瓦茲拉威克 (Paul Watzlawick)

概要

這部分會介紹 4 種外掛工具，可以打造更強大的心理安全感與信任感，創造出更安全的團隊氛圍。

團隊成員之間的信任感與心理安全感：點燃團隊校準指南的能量

一群優秀的人才如果互相懷疑猜忌，他們能一起解決複雜的問題、攜手創新嗎？這答案很簡單，就是不行。信任感是校準的前提。

若團隊裡有人想要保持安靜來避免自己丟臉或是受到其他可能的威脅，那這個團隊就無法共同學習、集體成長，這樣一來團隊的表現會很差勁，也無法集體創新。要一起創新，團隊成員就必須感覺到他們可以暢所欲言、坦誠地和彼此溝通，不怕被別人批評或責備。這樣的氛圍就稱為讓人有心理安全感的環境。

簡單來說，心理安全感是信任感的一種：「大家相信這個團隊很安全，每個人都可以承擔風險。沒有人會因為說出自己的想法、問題、顧慮或錯誤而被處罰或羞辱。」哈佛商學院領導與管理學教授艾美・艾德蒙森早在 20 多年前就發表了一篇重量級的論文，題為〈心理安全感與工作團隊的學習行為〉，並在文中創建了「心理安全感」一詞與定義。

欲深入理解艾美・艾德蒙森的作品，請參見 p. 264〈更深入〉「信任感與心理安全感」。

3.1
團隊合約

定義我們如何一起工作，大家都必須知道的原則，和大家都必須尊重的行為。

3.2
釐清事實法

提出好問題來改善團隊溝通，像專家一樣詢問，來減少認知差距。

3.3
尊重卡

一些可以用來表示在乎別人的小祕訣。

3.4
非暴力要求法

點出潛在衝突，有建設性地管理歧見。

3.1
團隊合約

定義團隊行為以及我們如何一起工作。

我們是不是該訂些規則？

有些團隊成員可能老是遲到⋯⋯

⋯⋯或批評別人的工作，但不會建議
更好的作法。

沒說出口的怨氣和挫折感會逐漸累積，升高為沒必要的衝突。

團隊合約可以協助大家定義遊戲規則。

團隊合約

我們希望團隊遵守哪些規則和行為？

團隊合約是一張很簡單的海報，用來協調和建立團隊行為與規則，包括了一般的大原則和暫時的規範。只要這麼做就可以增加心理安全感、減少潛在衝突：

· 針對合宜和不合宜行為，明文寫出團隊價值。
· 創造文化基礎，讓大家能和諧地工作。
· 如果有人不遵從，就要制定相關措施。
· 避免團隊內部有不公平或不正義的情形。

這張海報要呈現出兩大問題，協助參與者想清楚哪些行為可以接受、哪些行為不應該接受：

· 我們希望團隊遵守哪些規則和行為？
· 對每個人來說，我們有沒有偏好的工作方式？

這包括了團隊行為、價值、決策規則、如何協調與溝通、在失敗時設定期望等主題。只要預先投資一點時間釐清大家期待的行為，團隊合約的報酬率很高。

團隊合約可以協助大家：

明文訂立價值觀——共同的想法、原則、信念組成行為金三角。

設定遊戲規則——運用公平的流程來建立明確的期待。

將衝突降到最低——避免不必要的衝突，並且在有人不遵從時有參考的依據。

→

更深入

想挖掘更多關於團隊合約的學術背景知識，請參閱：

· 互相理解與共同基礎（心理語言學），p. 270。
· 人際關係的類型（演化人類學），p. 286。
· 信任感與心理安全感（心理學），p. 278。

團隊合約

我們希望團隊遵守哪些規則和行為？
對每個人來說，我們有沒有偏好的工作方式？

團隊：

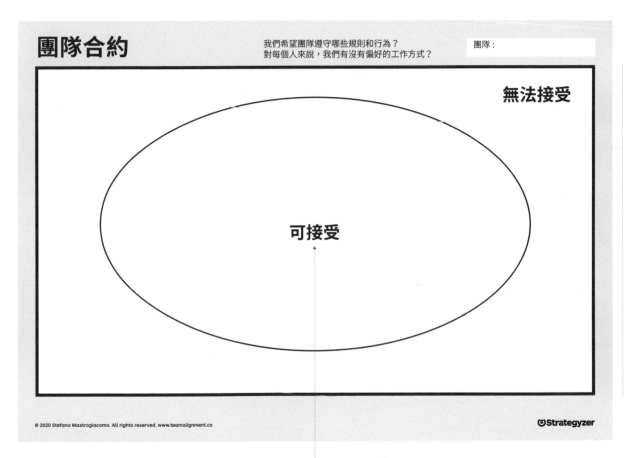

無法接受

可接受

無法接受
團隊想要避免
的行為

可接受
團隊想要遵守的規則和行為

Strategyzer

團隊合約（通常）哪些可接受、哪些無法接受？

每個團隊的團隊合約都獨一無二。團隊合約上的兩大問題會鼓勵團隊成員想想以下主題，並得出非常不同的答案：

· 態度與行為
· 決策方式（管理優先順序、治理方式、責任）
· 溝通（尤其是會議管理）
· 如何使用共同工具和方法
· 管理歧見和衝突
· 和其他團隊或部門的關係

團隊可能也會把成功遵循合約的獎勵方式或不遵守合約的懲罰方式寫上去。

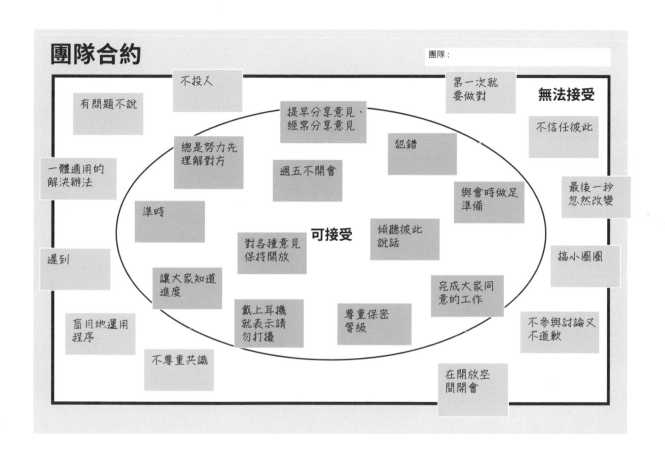

團隊合約

團隊：

無法接受

可接受

有問題不說

不投入

提早分享意見、經常分享意見

第一次就要做對

不信任彼此

總是努力先理解對方

犯錯

一體適用的解決辦法

週五不開會

與會時做足準備

最後一秒忽然改變

準時

傾聽彼此說話

對各種意見保持開放

遲到

讓大家知道進度

搞小圈圈

戴上耳機就表示請勿打擾

完成大家同意的工作

盲目地運用程序

尊重保密等級

不參與討論又不道歉

不尊重共識

在開放空間開會

協議之輕重

團隊合約是個很輕巧的工具,可以設定團隊協議;
以道德感而非法條來約束團隊。之後可以進化為
更正式、更有法律約束力的文件。

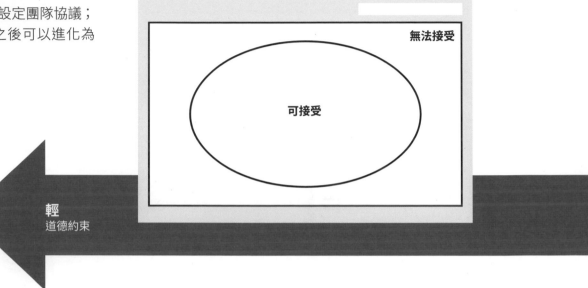

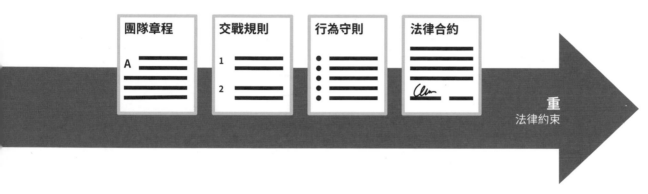

以上文件都可以將利害關係人之間的協議，在不同脈絡下
行於正式文書。*協議是在反覆發生的狀況下，大家所期待
的重複行為。*

如何運用

步驟

召集所有團隊成員或所有涉入專案的利害關係人。把團隊合約的海報貼在牆上,然後:

1. 架構:宣布專案名稱與期程。
2. 準備:請團隊成員各自回答團隊合約的兩大問題,並寫下他們可接受和不接受的項目(5 分鐘)。
3. 分享:給每位成員 3 分鐘的時間,和大家分享他們的答案。
4. 整合:開放團隊討論來回應、調整和整合所有的內容(約 20 分鐘)。
5. 確認:所有成員都能同意團隊合約的內容,即可結束會議。

時機

如圖所示,團隊校準指南可以定期協助校準大家的貢獻,通常需要持續更新,才能隨著工作進度反映出變化。團隊合約則協助建立整個合作期間的共識。通常在專案開始的時候、組建新團隊的時候、新成員加入現有團隊的時候或是有劇烈的變化需要團隊重新調整運作模式的時候,就要建立團隊合約。

用團隊校準指南建立短期共識

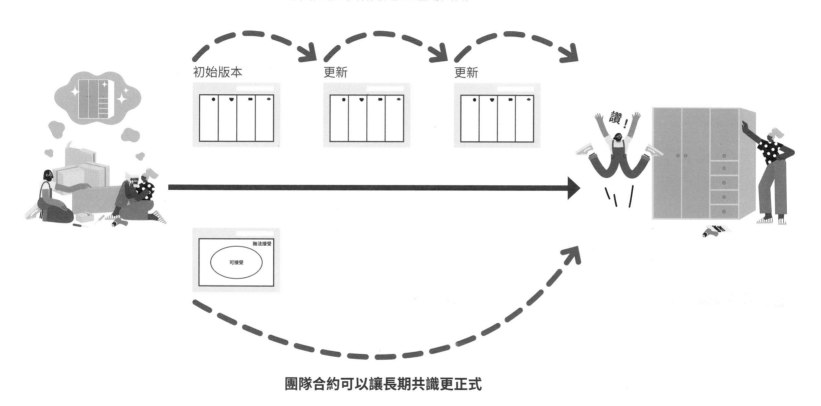

初始版本　　更新　　更新

無法接受

可接受

讚！

團隊合約可以讓長期共識更正式

團隊合約非常適合
搭配團隊校準指南

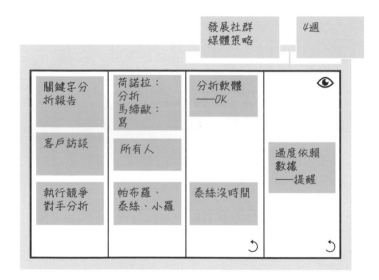

+

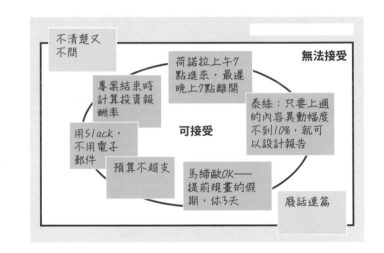

=

團隊校準程度更高 ＋ 心理安全感更高

違反團隊合約

違約時

如果有人違反團隊合約，一定要把不合宜的行為點出來。若迴避衝突，會讓遵守規則的團隊成員產生怨氣，影響工作和整個團隊的關係。黃金守則就是利用這 3 個步驟來減少對話時不舒服的感覺（畢竟這種對話通常不容易）：

· 根據事實解釋問題，並參閱團隊合約。
· 仔細聆聽所有的觀點。
· 在所有人參與下找到適合的解決方式。

只要事前有明確在團隊合約上寫清楚行為，就可以執行決議，這樣有參考依據，也有合理的基礎可以把問題轉化為學習的機會。

懲罰重大違規情事

有些行為會讓整個團隊和組織承受風險，辭退違規的人可能是最有生產力的回應方式。如艾美・艾德蒙森所言：「有些行為會帶來潛在的危險和傷害，另外還有疏忽的行為，這些行為若能得到公平、周全的回應，那麼心理安全感不減反增。」(Edmondson, 2018)。

事前明文訂立規則，可以更容易將行為問題轉化為學習的機會。

規則很明確的時候，每個人都能公平參與。直接處理不合宜的行為才合理。

若沒有明訂規則，直接處理作弊的行為可能會讓人覺得不公平，心生報復。

率先避免違規。

在團隊合約上呈現出不服從的後果，有好有壞。

好處：一切都很透明，每個人都知道不遵守的後果。

壞處：大家對可見的懲罰會有負面的感受、會破壞信任感，打一開始就影響合作。大家可以想想心理學中關於婚前協議的矛盾 (Fisk and Tetlock, 1997; Pinker, 2008)：未婚夫妻都不喜歡在結婚前先想好離婚的時候要怎麼做。多數伴侶抗拒婚前協議書的心態都很合理：討論罰則這件事就是為了以後要用到，這樣就破壞氣氛了。

建議：若能同意流程，那就比較圓融；舉例來說，不遵守團隊合約的話，將個案處理。

搜尋關鍵詞：高難度談話、衝突解決法、人事處分。

213

在團隊合約上
準確地看待失敗

對於在創新實驗室裡的團隊和在機場負責維安的團隊來說，
面對失敗的態度完全不一樣。艾美・艾德蒙森 (2018) 建議在
這 3 種不同的脈絡下，以不同的方式來看待失敗：

· 大量重複的工作。
· 複雜的運作。
· 創新和研究。

每種脈絡都有各自不同的錯誤管理需求，右方的表格可以看
出不同脈絡下的範例。

	大量重複的工作	複雜的運作	創新與研究
脈絡	・組裝廠 ・速食餐廳 ・物流等	・醫院 ・金融機構 ・公共服務等	・拍電影 ・開發新能源資源 ・設計新產品等
面對失敗時， 有建設性的態度	**減少可預防的失敗** 通常是偏離了既有的流程， 可能是因為技術不夠、注意 力不足或行為不良。	**分析與彌補複雜的失敗** 通常是因為意外事件、複雜 的系統故障等。	**挑戰智力與創意失敗需要慶祝** 通常是因為不確定性、實驗 和採取風險。
期許的範例	訓練所有 新員工 一天最多只能 接受一次瑕疵	每週進行風險 評估會議 每次系統故障就 成立戰情室和任 務編組	每個月舉辦失 敗派對和頒獎 典禮 每次實驗失敗 就修改設計

3.2
釐清事實法

提出好問題來改善團隊溝通的狀況。

布署全球改變策略！
培養無限透明度與建置平臺！

有時候，要瞭解其他成員並順著他們的邏輯很難。

釐清事實法可以讓對話更清楚明白。

用釐清事實法
來說清楚、講明白

→
更深入
想理解釐清事實法背後有哪些學術基礎，
請參閱：
· 互相理解與共同基礎，p. 270
· 信任感與心理安全感，p. 278

我們建議您用這些問題讓對話更清楚明白。這些問題可以給對方機會來用更精準正確的方式重新表述自己的思緒，讓其他人更好懂。

這項工具的原則很簡單：以具體事實為基礎的對話優於以主觀判斷為基礎的對話。要進行這樣的對話需要訓練，因為我們常常會忽略或扭曲資訊。這種扭曲是因為我們在理解的過程中有 3 個步驟 (Kourilsky, 2014)：

· 覺察：我們會先察覺現況或根據經驗來評估狀況。
· 詮釋：我們會用自己的方式去解釋這個狀況、理解現況的意思，或建立一個假設。
· 評估：最後，我們把自己察覺到的狀況說出來的時候，其實是說出我們的評估、判斷或我們推斷出來的規則。

這 3 個階段搞混了就會讓我們直接落入這 5 種溝通陷阱裡：

· 不明確的事實或經驗：描述中缺乏關鍵資訊。
· 以偏概全：把個案當成通則。
· 預設立場：發揮創意詮釋一段經歷或狀況。
· 狹隘想法：被想像力侷限或因為責任義務而限縮了選項。
· 評論判斷：主觀評估事件、狀況或人。

這些陷阱就是心理學家所稱一級現實和二級現實的差異：一級現實是我們透過五感，對一個事件或狀況的觀察所組成。
二級現實則是個人對於一級現實的詮釋（評價、假設、主觀意見等等）。

例如，當小安要表達她的飢餓，她可以說「我餓了」（這是在傳達事實，屬於一級現實）或大聲地說「我們吃飯都吃得太晚了」，這是評價（二級現實）。第 2 種說法會造成溝通問題，帶來衝突、包袱和死局 (Kourilsky, 2014)，在我們起爭執的時候最常見。

釐清事實法協助大家理解含糊的二級敘述（二級現實）背後隱藏了一些沒說出的事實（一級現實），讓對話更有效率、產能更高。

釐清事實法可以協助各位：

像專家一樣提問：識破常見的語言陷阱。
獲得更好的資訊與決策：弄清楚誰說了什麼，也弄清楚你說了什麼。
省力：讓對話更精簡、更有效率。

釐清事實法

預設立場
自行腦補的詮釋、假設或預測

當你聽到	請問對方
「他認為……」	你為什麼這麼認為……？
「他相信……」	你怎麼知道……？
「他不／應該……」	有哪些證據顯示出……？
「他喜歡……」	你為什麼會這樣想？
「你／他們要……」	
「企業／人生／感情就要……」	

狹隘想法
因為想像力有限或責任義務而限縮了選項

當你聽到	請問對方
「我一定要……」	如果……會怎樣？
「我們得……」	是什麼讓你無法……？
「我不能……」	
「我不……」	
「我們不該……」	

不完整的事實或經驗
缺乏精準的描述

當你聽到	請問對方
「我聽說……」	誰？什麼？
「他們說……」	哪時候？在哪？
「她看到……」	如何？多少？
「我覺得……」	你可不可以更精準？
	你說……是什麼意思？

完整的事實

一級事實
即生理上對一個事件或狀況
所觀察到的特質

以偏概全
把個案當成通則

當你聽到	請問對方
「總是」	總是？
「從來沒有」	從來沒有？
「沒有人」	沒有人？
「每個人」	每個人？
「大家」	大家？
	你確定？

評論判斷
主觀評價一個事件、狀況或人

當你聽到	請問對方
「我是……」	誰說的？
「人生就是……」	會怎樣？
「……很好／很不好」	這為什麼無法接受？
「……很重要」	你有什麼顧慮的事嗎？
「……很簡單／很難」	

二級事實
對一級事實的感受
或個人詮釋

ⓢStrategyzer

圖解 5 種
溝通陷阱

他可以根據事實聯想到自己的經驗。

「昨天我看到別人在速食餐廳吃了3個漢堡。」

1
原本的狀況
艾文看到別人在速食餐廳
吃了3個漢堡

3
釐清事實的問題
釐清事實的問題,可以協助我們理解事實和個人
詮釋(二級現實)背後的經驗(一級現實)。這
會讓原本在灰色地帶很模糊的對話,走向清楚的
事實,即中間的白色地帶。

2

溝通陷阱

艾文在連結自己的經歷時，可能會落入這些陷阱。

預設立場

「昨天我看到一個人，他已經兩個禮拜沒吃飯了！」

狹隘想法

「應該要禁賣漢堡。」

完整的事實

以偏概全

「別人都吃好多。」

評論判斷

「吃 3 個漢堡很傷身。」

不完整的事實或體驗

「昨天我看到別人在吃東西。」

實際運用

釐清事實法的兩步驟：

· 聽：識破陷阱──你聽到的是預設立場、狹隘想法、以偏概全、評論判斷或不完整的事實？
· 問：利用我們建議的問句把對話導回中心白色地帶，獲得完整的事實和經驗。

用於釐清的問句都很中性，不帶有任何批判，也很開放，不會產生封閉的二元回答（是非題）。

釐清不完整的事實或經驗

這些問句讓事實更具體地說明。

當你聽到	請問對方
「我聽說……」	誰？什麼？
「他們說……」	哪時候？在哪？
「她看到……」	如何？多少？
「我覺得……」	你可不可以更精準？
	你說……是什麼意思？

釐清對方的預設立場

這些問句可以釐清因果關係。

當你聽到	請問對方
「他認為……」	你為什麼認為……？
「他相信……」	你怎麼知道……？
「他不／應該……」	有哪些證據顯示出……？
「他喜歡……」	你為什麼會這樣想？
「你／他們要……」	
「企業／人生／感情就是要……」	

「設計師說他們需要多點時間。」

「你能不能更精準一點？」

「我認為如果我們2天後才收到材料，專案就要延後2個月。」

「2天怎麼會造成2個月的延誤？」

釐清狹隘想法

這些問句可以找出信念的因果。

當你聽到	請問對方
「我一定要……」	如果……會怎樣？
「我們得……」	是什麼因素讓你無
「我不能……」	法……？
「我不……」	
「我們不該……」	

釐清以偏概全

這些問題可以找出反例。

當你聽到	請問對方
「總是」	總是？
「從來沒有」	從來沒有？
「沒有人」	沒有人？
「每個人」	每個人？
「大家」	大家？
	你確定？

釐清評論判斷

這些問題可以挖出批判背後的評價條件。

當你聽到	請問對方
「我是……」	誰說的？
「人生就是……」	會怎樣？
「……很好／很不好」	這為什麼無法接受？
「……很重要」	你有其他顧慮的事
「……很簡單／很難」	嗎？

「我不行，我們從來沒有這樣工作過，我們不是那種團隊。」

「當然，但如果你用這種方式工作會怎樣？」

「風險很高，大家都沒有士氣。」

「每個人？」

「我們先完成我的目標很重要。」

「嗯，你怎麼會這樣覺得？」

總結

溝通陷阱

這些問句可以幫你釐清⋯⋯

不完整的事實或經驗

缺乏精準的描述

讓事實更明確

預設立場

自行腦補的詮釋、假設或預測

解開因果關聯

以偏概全

把個案當成通則

找出反例

狹隘想法

因為想像力有限或責任義務而限縮了選項

找出信念的因果

評論判斷

對事件、狀況或他人的主觀評價

挖出評價的條件

+

釐清事實法的起源

釐清事實法發源於神經語言程式學 (neuro-linguistic programming, NLP)，這是由約翰・葛瑞德 (John Grinder) 和理察・班德勒 (Richard Bandler) 所發展出來的溝通療法技巧，他們將這框架稱為「元模型」。要落實元模型的難度很高，所以亞倫・凱羅爾 (Alan Cayrol) 又發展出更容易應用的語言羅盤 (Language Compass)，之後語言羅盤又被法國心理學家法蘭絲瓦・庫里爾斯基 (Françoise Kourilsky) 進一步改良、延伸，最後給我們靈感，設計出了釐清事實法。

搜尋關鍵詞：NLP、元模型、有效問句、清楚的問句。

釐清事實法

預設立場
自行腦補的詮釋、假設或預測

當你聽到　請問對方
「他認為⋯⋯」　你為什麼這麼認為⋯⋯？
「他相信⋯⋯」　你怎麼知道⋯⋯？
「他不／應該⋯⋯」　有哪些證據顯示出⋯⋯？
「他喜歡⋯⋯」　你為什麼會這樣想？
「你／他們要⋯⋯」
「企業／人生／感情就要⋯⋯」

狹隘想法
因為想像力有限或責任義務而限縮了選項

當你聽到　請問對方
「我一定要⋯⋯」　如果⋯⋯會怎樣？
「我們得⋯⋯」　是什麼讓你無法⋯⋯？
「我不能⋯⋯」
「我不⋯⋯」
「我們不該⋯⋯」

不完整的事實或經驗
缺乏精準的描述

當你聽到
「我聽說⋯⋯」
「他們說⋯⋯」
「她看到⋯⋯」
「我覺得⋯⋯」

請問對方
誰？什麼？
哪時候？在哪？
如何？多少？
你可不可以更精準？
你說⋯⋯是什麼意思？

完整的事實

一級事實
即生理上對一個事件或狀況
所觀察到的特質

以偏概全
把個案當成通則

當你聽到　請問對方
「總是」　總是？
「從來沒有」　從來沒有？
「沒有人」　沒有人？
「每個人」　每個人？
「大家」　大家？
　你確定？

評論判斷
主觀評價一個事件、狀況或人

當你聽到　請問對方
「我是⋯⋯」　誰說的？
「人生就是⋯⋯」　會怎樣？
「⋯⋯很好／很不好」　這為什麼無法接受？
「⋯⋯很重要」　你有什麼顧慮的事嗎？
「⋯⋯很簡單／很難」

二級事實
對一級事實的感受
或個人詮釋

Strategyzer

專家這樣用

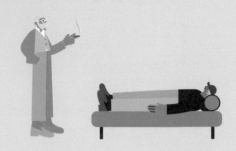

因時制宜

根據狀況和對話的脈絡來調整用字，才不會聽起來很像機器人。釐清事實法有些問句可能會讓對話進展地很不自然。

不要

照本宣科，完全複製這些問句。

請

根據狀況調整問句。

不要幫自己找理由，省省力氣

不要一直想合理化自己的行為，請提出能夠澄清事實的問題。花很多時間找理由，就表示該用上釐清事實法了，這可以幫所有人省時間省力氣。

不要

在找理由的過程中耗費了精力。

請

提出能澄清事實的問句。

230

提問時避免封閉的是非題

釐清事實法只用開放式問句,不會讓對方在是非之間選擇,
讓對方可以好好想想。

不要

封閉的是非題沒什麼用。

請

提出開放的問題讓對方好好想想。

釐清事實法的限制

過度使用釐清事實法,可能會讓人很厭煩或給人覺得侵略感
很強。只有當你覺得對話失焦、對方的邏輯讓人很難接下去
時,才把釐清事實法拿出來用。

不要

過度使用釐清事實法,
結果讓自己侵略感很重。

請

用來開啟對話,釐清對方的訊息。

3.3
尊重卡

以基本的禮貌展現出對別人的體諒。

不，不，我有在聽。

人際關係不得體，會讓團隊工作更慢、更難。

尊重卡建議了一些方式，讓你可以表現對別人的體貼，維持互相尊重的氣氛。

尊重卡

尊重卡提供了一些小祕訣，讓你可以重視別人、表現尊重。尊重卡可以用來為會議做準備或是協助你寫訊息給：

· 不熟悉的人。
· 讓你感覺比較沒有信心的人，像是陌生人、不太熟的人、剛加入團隊的人、主管。
· 不同文化背景的人。

運用這些提示，可以展現出我們有能力顧慮到別人的身分和感受 (Brown, 2015)，並且做出自己的貢獻，在團隊裡創造出更多心理安全感，讓團隊更和諧。

這項工具使用了兩份清單：

1. 讓你可以表現出你重視、在乎其他人的小祕訣（見右側）。
2. 表現尊重，讓你盡量減少要求與冒犯別人的機會（見左側）。

尊重卡的發展來自面子與禮貌理論；所有的小祕訣都可以讓你避免害別人在公開場合丟臉。主要的重點在於語言；尊重卡只呈現出一定的行為和舉止，像是別人在說話的時候不要打擾，也不要不認真聽。

尊重卡可以協助我們：

透過尊重傳遞更多自己的訊息──在尊重中挑戰現況。
重視別人──表達體貼和感激。
避免無意失言──尤其是在和陌生人打交道或是在權力關係中。

→
更深入
要深入理解尊重卡的學術背景，請參閱：
· 面子與禮貌（心理語言學），p. 294。
· 信任感與心理安全感（心理學），p. 278。

尊重卡 得體溝通祕笈

需要被尊重
表現尊重

用問句代替命令句
你要不要……？

表現質疑
我想你可能不是要……？

委婉地要求
如果可以的話，請……

避免為難對方
我知道你很忙，可是……

表示自己的勉強
我通常不會開口，可是……

道歉
很抱歉打擾你，不過……

承認自己欠對方
如果你願意……，
我會真的很感激。

使用尊稱
先生、女士、小姐、教授、
博士等。

委婉
我在找筆。

請對方體諒
不好意思，但……
我可以跟你借筆嗎？

把要求降到最低
我只是想問問
我可不可以用你的筆。

使用複數來指稱負責的人
我們忘了跟你說，
你昨天就要買機票了。

遲疑
我可不可以，呃，……？

不指涉任何人
不能抽菸。

風險較高的行為
直接命令
打斷
提出警告
禁止
威脅
建議
提醒
指示

需要被重視
表現認同

確認共識
你知道的吧？

注意別人
你一定餓了。
早餐吃完已經過了很久，
要不要去吃中餐？

避免歧見
甲：你不喜歡嗎？
乙：喜歡，我喜歡，嗯，
這比較不合口味，但是很好吃。

預設共識
那，你打算什麼時候
來找我們？

委婉提出意見
你真的應該再試一次。

感謝
非常謝謝你。

祝福
平安，祝你有個
美好的一天。

詢問
你好嗎？一切都好嗎？

讚美
這件毛衣很好看。

預期
你一定餓了吧。

建議
要小心喔。

表現親切
朋友、兄弟、
搭檔、親愛的、
老兄、大家。

風險較高的行為
讓別人難堪
不認同
忽視
公開批評
輕視、嘲弄
開口只談自己
提及禁忌話題
侮辱、指控、抱怨

⊌Strategyzer

尊重

使用「社交煞車」來避免失言並表現尊重。

認同

用這些「社交油門」來重視對方。

尊重卡 得體溝通祕笈

 需要被尊重
表現尊重

用問句代替命令句
你要不要……？

表現質疑
我想你可能不是要……？

委婉地要求
如果可以的話，請……

避免為難對方
我知道你很忙，可是……

表示自己的勉強
我通常不會開口，可是……

道歉
很抱歉打擾你，不過……

承認自己欠對方
如果你願意……，
我會真的很感激。

使用尊稱
先生、女士、小姐、教授、
博士等。

委婉
我在找筆。

請對方體諒
不好意思，但……
我可以跟你借筆嗎？

把要求降到最低
我只是想問問
我可不可以用你的筆。

使用複數來指稱負責的人
我們忘了跟你說，
你昨天就要買機票了。

遲疑
我可不可以，呃，……？

不指涉任何人
不能抽菸。

風險較高的行為
直接命令
打斷
提出警告
禁止
威脅
建議
提醒
指示

如何表現尊重

✓

保留面子

不直接的要求可以把移除目標的強勢感降到最低。

✕

失去面子

直接的要求感覺像是指令；團隊可能會覺得被冒犯了。

如何重視對方

✓

保留面子

透過表達欣賞來提出這個要求。

✕

失去面子

這個需求提出來的方式就像是批評或論斷。

需要被重視
表現認同

確認共識
你知道的吧？

注意別人
你一定餓了。
早餐吃完已經過了很久，
要不要去吃中餐？

避免歧見
甲：你不喜歡嗎？
乙：喜歡，我喜歡，嗯，
這比較不合口味，但是很好吃。

預設共識
那，你打算什麼時候
來找我們？

委婉提出意見
你真的應該再試一次。

感謝
非常謝謝你。

祝福
平安，祝你有個
美好的一天。

詢問
你好嗎？一切都好嗎？

讚美
這件毛衣很好看。

預期
你一定餓了吧。

建議
要小心喔。

表現親切
朋友、兄弟、
搭檔、親愛的、
老兄、大家。

風險較高的行為
讓別人難堪
不認同
忽視
公開批評
輕視、嘲弄
開口只談自己
提及禁忌話題
侮辱、指控、抱怨

如何使用尊重卡來準備口頭或書面溝通

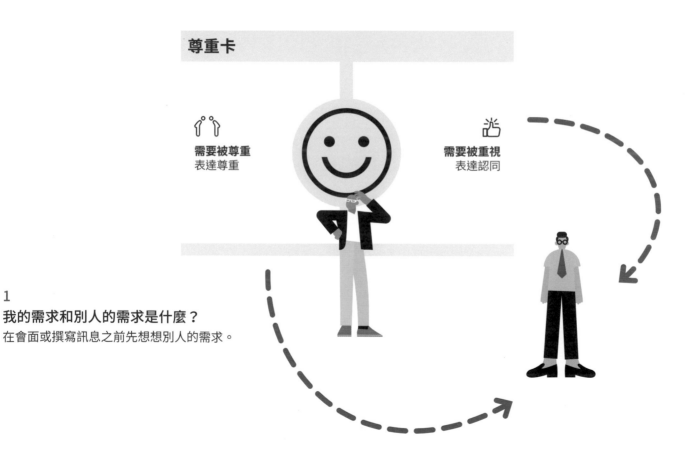

尊重卡

需要被尊重
表達尊重

需要被重視
表達認同

1

我的需求和別人的需求是什麼？
在會面或撰寫訊息之前先想想別人的需求。

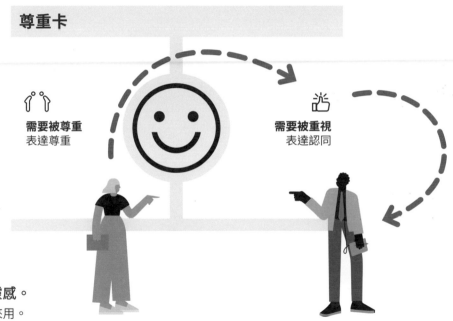

尊重卡

需要被尊重
表達尊重

需要被重視
表達認同

2
在開口或動筆之前，從這兩份清單上找靈感。
瀏覽這些對話技巧來擷取靈感；選出最適合的來用。

專家這麼做

禮貌要看狀況、脈絡和文化

體貼的條件是洞察力。舉例來說，一句簡單的「謝謝你」可能聽起來很禮貌，也可能聽起來很酸。

禮貌

謝謝妳。

挖苦

真謝謝你喔。

敏感的主題適合私下會晤

如果你或對方的處境很尷尬、為難，那滿適合私下會談；這會讓大家都比較好過。公開出糗或是丟臉都會讓人按下怨恨的開關，心生報復。

私下

我真沒想到！

公開

喲，我還真是沒料到。

尊重卡並非萬靈丹

急迫的時候就需要直接指導；禮貌的口氣可能太
含糊不清，不足以協調緊急狀況。

直接的要求

拿滅火器來！

不直接的要求

我很納悶你有沒有辦法把滅火器遞給
我呢？

不禮貌：硬碰硬

太過禮貌或粗魯都讓人覺得是負面且不適宜的行
為 (Locher and Watts, 2008)。

無禮

這做得真爛。

太禮貌

殿下，恕我斗膽提出一個非常渺小的
要求，若有機會得到您的首肯，我將
無比感激。

3.4
非暴力要求法

點出潛在衝突，有建設性地管理歧見。

歧見管理不當會傷害關係，造成無法挽回的損失。

非暴力要求法可以協助我們有建設性地管理衝突。

非暴力要求法

非暴力溝通法可以協助我們有建設性地表達不滿的意見，或做足準備。這套方法精簡地呈現出心理學家馬歇爾‧盧森堡 (Marshall Rosenberg) 博士研發的非暴力溝通 (Nonviolent Communication, NVC) 原則。如他所著：「當我們透過評估、詮釋和圖像來間接地表達需求時，別人很可能聽到的是批評。大家聽到任何像批評的話，就會把心力都投入於自我防禦或反擊」(Rosenberg, 2003)。

當我們建議用不批判的方式來提出要求，就可以表達歧見，也不會讓別人覺得自己被人身攻擊了；這樣就能創造出機會，進行有同理心的對話，並化解衝突。

非暴力溝通是個很有效的架構，也是微軟在文化轉型和更新產品時的重點工具。薩蒂亞‧納德拉 (Satya Nadella) 當上微軟執行長的時候，第一項任務就是要求高階主管閱讀盧森堡博士的著作 (McCracken, 2017)。

非暴力要求法可以協助我們：

有建設性地表達歧見——分享你的觀點，而不責怪或批評別人。

化解衝突——創造雙贏的脈絡。

強化人際關係——創造更安全的團隊氛圍。

→

欲瞭解非暴力溝通的學術背景，請參閱：

· 非暴力溝通（心理學），p. 262。
· 信任感與心理安全感（心理學），p. 278。

非暴力要求法

感受 你的需求沒有被滿足時，會有的負面感受

害怕	**困惑**	**難堪**	**悲傷**
憂慮	矛盾	丟臉	憂鬱
恐懼	疑惑	懊惱	沮喪
擔心	茫然	心慌	絕望
驚恐	猶豫	愧疚	挫折
多疑	迷失	羞愧	失望
恐慌	不解	忸怩	灰心
驚呆	搞糊塗		氣餒
受怕	舉棋不定	**緊繃**	洩氣
疑懼	搞不清楚	焦慮	淒涼
畏懼	左右為難	暴躁	陰鬱
謹慎惟恐		不安	無望
忐忑不安	**孤立無援**	苦惱	鬱悶
	冷漠	急躁	不快樂
煩	冷淡	疲憊	內心沈重
惱火	無聊	易怒	
沮喪	冷感	緊張	**不堪打擊**
不爽	脫節	不安	脆弱
不悅	麻木	受不了	防備
氣餒	被分化	不知所措	無助
易怒	被排擠	壓力過大	猜疑
苦惱	抽離	為小事操煩	敏感
不耐煩	沒人關心		有所保留
小題大作	毫無興趣	**痛苦**	不安全感
		苦惱	
怒	**不安**	悲苦	**疲憊**
憤怒	焦躁	喪親	睏意
暴怒	驚嚇	悲傷	疲倦
憤慨	焦慮	心碎	疲勞
生氣	精神刺激	受傷	筋疲力盡
發狂	心神不寧	孤單	氣力全失
懷怨	緊張	悲慘	精力耗竭
被激怒	坐立不安	悔恨	精疲力竭
勃然大怒	震驚	懊悔	毫無活力
	大吃一驚	天崩地裂	無精打采
厭惡	詫異		疲憊不堪
敵意	深受折磨	**渴望**	
反感	混亂	羨慕	
輕視	動盪	嫉妒	
憎惡	令人難受	渴求	
討厭	不自在	懷舊	
憎恨	忐忑不安	盼望	
震驚	手足無措	留戀	
不友善	沮喪難過		
反感			

當你這麼做

_____
觀察

我覺得

_____
感受

我需要的是

_____
需求

可不可以請你

_____?
要求

需求

連結	**身體需求**	**自主**
接納	空氣	選擇
鍾愛	食物	自由
欣賞	活動、運動	獨立
歸屬感	休息、睡眠	空間
合作	安全感	隨興
溝通	受保護	
緊密感	接觸	**意義**
社群	水	覺察
陪伴		歌頌生命
憐憫	**誠實**	挑戰
體貼	真誠	清楚
一致穩定	正直	能力
同理心	存在感	意識
包容		貢獻
親密感	**玩樂**	創意
愛	樂趣	發現
互相	幽默	功效
栽培		效果
尊重、自重	**平靜**	成長
安全感	美	希望
保障感	溝通	學習
穩定感	自在	哀悼
支持	公平	參與
理解且被	和諧	使命
理解	鼓舞	表達自我
識格局也被	秩序	激勵
看見		有價值
明白事理		理解
信任		
溫暖		

造句的方式

這一系列沒有被滿足的感受和需求，可以讓你的描述更準確。

⊕ **Strategyzer**

要求 這個範本可以讓你做足準備，提出非暴力要求。

實際運用

非暴力主張包含 4 個連貫的部分 (Rosenberg, 2003)：

這套方法提供了範本，讓你可以照樣造句，提出要求，還有非暴力溝通中心設計的清單，讓你可以更準確地表達你的感受和需求。

如何提出非暴力要求？
· **當你這麼做［觀察］，**
· **我覺得［感受］。**
· **我需要的是［需求］，**
· **可不可以請你［要求］？**

範例：
「你是不是從來都不會謝謝別人？」

非暴力主張
· 當你這麼做［*讚美團隊裡的每個人，卻獨獨沒有我*］，
· 我覺得［*很失望*］。
· 我需要的是［*我的工作也能被肯定*］，
· 可不可以請你［*協助我理解我的部分有沒有問題*］？

改編自 Rosenberg (2003)。

非暴力要求法

感受 你的需求沒有被滿足時，會有的負面感受

害怕	困惑	難堪	悲傷
憂慮	矛盾	丟臉	憂鬱
恐懼	疑惑	懊惱	沮喪
擔心	茫然	心慌	絕望
驚恐	猶豫	愧疚	挫折
多疑	迷失	羞愧	失望
恐慌	不解	忸怩	灰心
驚呆	搞糊塗		氣餒
受怕	舉棋不定	**緊繃**	洩氣
疑心	搞不清楚	焦慮	淒涼
畏懼	左右為難	暴躁	陰鬱
謹慎惟恐		不安	無望
忐忑不安	**孤立無援**	苦惱	鬱悶
	冷漠	急躁	不快樂
煩	冷淡	疲憊	內心沈重
惱火	無聊	易怒	
沮喪	冷感	緊張	**不堪打擊**
不爽	脫節	不安	脆弱
不悅	麻木	受不了	防備
氣餒	被分化	不知所措	無助
易怒	被排擠	壓力過大	猜疑
苦惱	抽離	為小事操煩	敏感
不耐煩	沒人關心		有所保留
小題大作	毫無興趣	**痛苦**	不安全感
		苦惱	
怒	**不安**	悲苦	**疲憊**
憤怒	焦躁	喪親	睏意
暴怒	驚嚇	悲傷	疲倦
憤慨	焦慮	心碎	疲勞
生氣	精神刺激	受傷	筋疲力盡
發狂	心神不寧	孤單	氣力全失
懷怨	緊張	悲慘	精力耗竭
被激怒	坐立不安	悔恨	精疲力竭
勃然大怒	震驚	懊悔	毫無活力
	大吃一驚	天崩地裂	無精打采
厭惡	詫異		疲憊不堪
敵意	深受折磨	**渴望**	
反感	混亂	羨慕	
輕視	動盪	嫉妒	
憎惡	令人難受	渴求	
討厭	不自在	懷舊	
憎恨	忐忑不安	盼望	
震驚	手足無措	留戀	
不友善	沮喪難過		
反感			

當你這麼做

_____
觀察

我覺得

_____
感受

我需要的是

_____
需求

可不可以請你

_____ ?
要求

需求

連結	身體需求	自主
接納	空氣	選擇
鍾愛	食物	自由
欣賞	活動、運動	獨立
歸屬感	休息、睡眠	空間
合作	安全感	隨興
溝通	受保護	
緊密感	接觸	**意義**
社群	水	覺察
陪伴		歌頌生命
憐憫	**誠實**	挑戰
體貼	真誠	清楚
一致穩定	正直	能力
同理心	存在感	意識
包容		貢獻
親密感	**玩樂**	創意
愛	樂趣	發現
互相	幽默	功效
栽培		效果
尊重、自重	**平靜**	成長
安全感	美	希望
保障感	溝通	學習
穩定感	自在	哀悼
支持	公平	參與
理解且被	和諧	使命
理解	鼓舞	表達自我
識格局也被	秩序	激勵
看見		有價值
明白事理		理解
信任		
溫暖		

攻擊與非暴力要求

攻擊　你每次都遲交！
我沒辦法信賴你！

這裡只有我在做事嗎？

好了沒？
我還有很多事要做。

狀況

工作遲交	工作過量	參與會議
· 當你〔最後一刻才告訴我說你的工作還沒準備好〕， · 我感覺〔很憤怒〕。 · 我需要的是〔尊重我們已經說好要遵守的期限〕， · 可不可以請你〔碰到問題的時候提早知會我〕？	· 當你〔要我負責所有的目標〕， · 我覺得〔難以承擔，因為好的設計需要時間〕。 · 我需要的是〔保障作品的品質〕， · 可不可以請你〔幫我弄清楚優先順序怎麼排〕？	· 當你〔要我參與所有的團隊會議〕， · 我覺得〔很累〕。 · 我需要的是〔效率，因為我自己也監督了另外5個團隊〕， · 可不可以請你〔只有在提重大調整的時候再邀請我〕？

你自己做！

根本沒人在乎！

你很官僚……

脈絡不清	動機	規定和程序

- 當你〔要求我顧他們的專案〕，
- 我感覺〔很驚慌，因為我手上已經滿了〕。
- 我需要的是〔明確指示〕，
- 可不可以請你〔幫我理解現在的狀況〕？

- 當你〔告訴我，我的專案已經被中止了〕，
- 我感覺〔很傷心〕。
- 我需要的是〔做有意義的工作〕，
- 可不可以請你〔協助我理解這個決定背後的理由〕？

- 當你〔要我尊重這麼耗費時間的程序〕，
- 我覺得〔很疲倦，因為我真的時間不夠〕。
- 我需要的是〔效率〕，
- 可不可以請你〔幫我理解為什麼這程序這麼重要〕？

259

專家這麼做

什麼時候要讓第三方介入？

如果衝突變嚴重，讓第三方介入可能是往前進的最好選擇。第三方可以仲裁協調；他們是中立的外人，可以找到比較好的步驟來化解衝突。

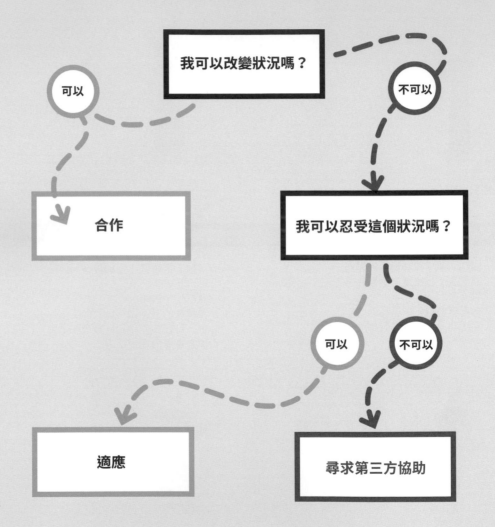

非暴力溝通可以改善我們內心的對話

使用非暴力溝通可以提升我們內心獨白的品質，因為可以讓我們更柔軟地減少內心對自己的批判，找到更好的敘事方式，並往前進。

範例：
「*我來的時候把薪水談太低了。*」

非暴力主張
- 當我［*發現整個團隊裡我的薪水最少*］，
- 我覺得［*很沮喪*］。
- 我需要的是［*讓我的技能被認同，並得到公平的報酬*］，
- 我會［*給自己足夠的時間來準備，有具體的理由就可以談加薪*］。

非暴力溝通可以處理不想要的關係

不想要的關係是指有些人際關係並不是我們真心想要的，但是必須去維持。有的人會干擾你的目標，或個性不合，我們如果有選擇的話，都會想要盡快終止這些人際關係，非暴力溝通可以作為釋放壓力、維護心理健康的第一步。

非暴力要求法的起源

非暴力互動的革命性方法

馬歇爾·盧森堡 (1934～2015) 是美國心理學家，畢生探究暴力的起因，並研究如何減少暴力。據他觀察，當我們缺乏情緒技能來描述不滿的情緒，我們就會提出無用的批評和評論（在非暴力溝通裡稱為「評價」），別人會覺得自己被攻擊了。我們可能會說「你騙我」或「你根本靠不住」，這兩句話都會被聽的人當成是攻擊，而我們真正想表達的是「我很失望，因為你答應過今天會交出工作」。

盧森堡博士在 1960 年代開發並運用非暴力溝通來加強公立學校的調解與溝通技巧。後來他在 1984 年成立非暴力溝通中心，這個國際維和組織向全世界 60 多個國家提供非暴力溝通的訓練和支援。想更瞭解這個強大的架構，可前往非暴力溝通中心的網站：www.cnvc.org

當你的需求沒有被滿足時，你會體驗到的感受

害怕
憂慮
恐懼
擔心
驚恐
多疑
恐慌
驚呆
受怕
疑心
畏懼
謹慎惟恐
忐忑不安

怒
憤怒
暴怒
憤慨
生氣
發狂
懷怨
被激怒
勃然大怒

煩
惱火
沮喪
不爽
不悅
氣餒
易怒
苦惱
不耐煩
小題大作

厭惡
敵意
反感
輕視
憎惡
討厭
憎恨
震驚
不友善
反感

困惑
矛盾
疑惑
茫然
猶豫
迷失
不解
搞糊塗
舉棋不定
搞不清楚
左右為難

孤立無援
冷漠
冷淡
無聊
冷感
脫節
麻木
被分化
被排擠
抽離
沒人關心
毫無興趣

不安
焦躁
驚嚇
焦慮
精神刺激
心神不寧
緊張
坐立不安
震驚
大吃一驚
詫異
深受折磨
混亂
動盪
令人難受
不自在
忐忑不安
手足無措
沮喪難過

難堪
丟臉
懊惱
心慌
愧疚
羞愧
忸怩

疲憊
睏意
疲倦
疲勞
筋疲力盡
氣力全失
精力耗竭
精疲力竭
毫無活力

無精打采
疲憊不堪

痛苦
苦惱
悲苦
喪親
悲傷
心碎
受傷
孤單
悲慘
悔恨
懊悔
天崩地裂

悲傷
憂鬱
沮喪
絕望
挫折
失望
灰心
氣餒
洩氣
淒涼
陰鬱
無望
鬱悶
不快樂
內心沈重

緊繃
焦慮
暴躁
不安
苦惱

急躁
疲憊
易怒
緊張
不安
受不了
不知所措
壓力過大
為小事操煩

不堪打擊
脆弱
防備
無助
猜疑
敏感
有所保留
不安全感
不穩固的

渴望
羨慕
嫉妒
渴求
懷舊
盼望
留戀

當你的需求被滿足時會有的感受

情感
慈悲
友善
關愛
心胸開放
共感
溫柔
溫暖

投入
全神關注
靈活
好奇
專心
著迷
狂喜
入迷
感興趣
沉迷
參與感
出神
興奮

希望
期待
受鼓勵
樂觀

信心
有力量
開放
驕傲
放心
安全

興奮
驚奇
活躍
熱烈
激昂
驚喜
讚嘆不已
渴望
活力
熱情
目眩神迷
活力四射
生氣勃勃
熱情奔放
驚訝
充滿生氣

感激
感恩
觸動
感謝
感動

受啟發
驚奇
崇拜
驚異

喜悅
歡樂
愉快
開心
高興
歡喜
滿意
喜不自勝

興高采烈
幸福
狂喜
得意洋洋
沈迷
生氣蓬勃
容光煥發
銷魂
激動

平靜
冷靜
頭腦清晰
舒服
集中
滿意
平和
圓滿
舒心
安靜
放鬆
輕鬆
滿足
祥和
自持
寧靜
信任

消除疲勞
活過來
回春
煥然一新
精力充沛
恢復精神
復甦

需求清單

連結
接納
鐘愛
欣賞
歸屬感
合作
溝通
緊密感
社群
陪伴
憐憫
體貼
一致穩定
同理心
包容
親密感
愛
互相
栽培
尊重、自尊
安全感
保障感
穩定感
支持
理解且被理解
識格局也被看
見
明白事理
信任
溫暖

身體需求
空氣
食物
活動、運動
休息、睡眠
安全感
受保護
接觸
水

誠實
真誠
正直
存在感

玩樂
樂趣
幽默

平靜
美
溝通
自在
公平
和諧
鼓舞
秩序

自主
選擇
自由
獨立
空間
隨興

意義
覺察
歌頌生命
挑戰
清楚
能力
意識
貢獻
創意
發現
功效
效果
成長
希望
學習
哀悼
參與
使命
表達自我
激勵
有價值
理解

更深入

認識本書和各項工具
背後的科學。

概要

書中呈現的工具是跨學科統合的成果。本章將介紹每一種工具背後的學術研究。

4.1

互相理解與共同基礎

從心理語言學看我們如何理解彼此。

4.2

信任感與心理安全感

更深入艾美・艾德蒙森的研究。

4.3

人際關係的類型

演化人類學的視角。

4.4

面子與禮貌

面子理論和互相體諒的兩大關鍵需求。

這些工具背後的科學

所有的工具在設計的過程中，先從心理語言學、演化人類學與心理學等社會科學中找出可能的概念解法，然後採用精實使用者體驗的循環來處理現有的管理問題。要把理論概念轉化為可行的工具需要不斷重複實驗和迭代，開發出不同的原型，不過這些工具未來也可能會持續進化。

精實使用者體驗循環

前臺工具

團隊校準指南

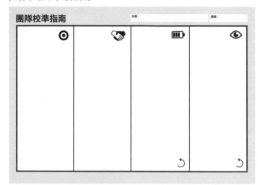

團隊合約

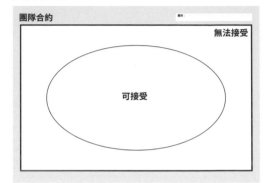

後臺學術原則

互相理解與共同基礎
心理語言學，p. 270

人際關係的類型
演化人類學，p. 286

信任感與心理安全感
心理學，p. 278

釐清事實法

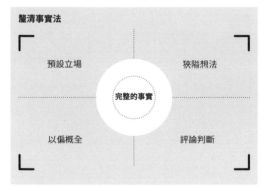

釐清事實法

預設立場　　　　　狹隘想法

完整的事實

以偏概全　　　　　評論判斷

尊重卡

尊重卡

需要被尊重
表現尊重

需要被重視
表現認同

非暴力要求法

非暴力要求法

當你這麼做
_____
觀察

我覺得
_____
感受

我需要的是
_____
需要

可不可以請你
_____?
要求

4.1
互相理解與共同基礎

從心理語言學看我們如何理解彼此。

團隊的共同基礎是什麼？

簡單來說，共同基礎就是每個團隊成員都曉得其他團隊成員知道什麼。心理語言學家賀伯特·克拉克曾描述過共同基礎、共有資訊、相互理解等機制，後來心理學家史蒂芬·平克又繼續發展這個概念。人會用語言來協調一起進行的活動。團隊成員會互相依賴，因為他們需要對方才能成功共事。因為相互依賴，所以每個人都得想辦法解決協調的問題，才能持續校準自己的貢獻和別人的貢獻。如克拉克所述，團隊成員必須建立和維持足夠的共同基礎才能執行聯合活動：大家要掌握同樣的知識、信念和看法。大家能不能預測對方的行為很重要：團隊成員一定要能夠成功預測對方的行動和行為，才能彼此協調，完成整個團隊要達成的目標。

那要怎麼創造和維持團隊的共同基礎？透過語言和溝通。根據克拉克學派的觀點，這就是溝通的要義——溝通就是為了創造共同基礎，協助我們彼此協調。

共同基礎足夠，團隊成員就能成功預測對方的行動，在協調的時候減少意外。換句話說，他們遭遇的執行問題會比較少，因為每個人的貢獻都校準過了。每次團隊成員看到別人做出他們認為不合理的事情，就會有協調的意外。如克萊 (Klein 2005) 所述，這些意外都是因為共同基礎失能，像是大家不確定到底發生了什麼狀況、誰要做什麼——換句話說，大家不曉得誰知道些什麼。需求不完整、用戶參與度不足、期望不切實際、缺少支援或需求一直變等造成專案失敗的因素，都可以視為共同基礎失能的症狀，更顯出創造與維持共同基礎的重要性，有共同的理解、掌握一樣的資訊才能確保團隊順利合作。

成功的團隊合作

有效的協調

相關的共同基礎

順利的對話

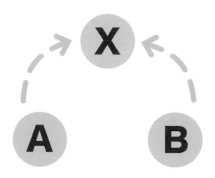

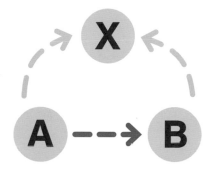

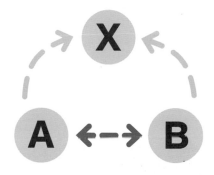

私有資訊

每個人都知道某件事，但不知道別人也知道。

· A 知道這件事。

· B 知道這件事。

範例

· 安知道有個人走在街上。

· 鮑伯知道有個人走在街上。

· 安不曉得鮑伯知道這件事。

· 鮑伯不曉得安知道這件事。

共享資訊

大家都知道某件事，但只有某些人知道別人知情。

· A 知道這件事。

· B 知道這件事。

· A 曉得 B 知道這件事。

· B 不曉得 A 知道這件事。

範例

· 安知道有個人走在街上。

· 鮑伯知道有個人走在街上。

· 安曉得鮑伯知道這件事。

· 鮑伯不曉得安知道這件事。

共同基礎、共同資訊、互相理解

大家都知道某件事，也知道其他人都曉得。

· A 知道這件事。

· B 知道這件事。

· AB 都曉得他們倆都知道這件事。

範例

· 安知道有個人走在街上。

· 鮑伯知道有個人走在街上。

· 安和鮑伯都曉得他們倆都知道這件事。

J. De Freitas, K. Thomas, P. DeScioli, and S. Pinker, "Common Knowledge, Coordination, and Strategic Mentalizing in Human Social Life," *Proceedings of the National Academy of Sciences* 116, no. 28 (2019): 13751–13758.

打造共同基礎

賀伯特・克拉克表示團隊會在社交與認知過程中「建構地基」，逐漸累積共同基礎。這個過程會讓兩個人或更多人可以創造並確認彼此的理解，讓對方獲得信號得知 (1) 有證據可以看出對方已經理解了、(2) 誤會瀰漫在空氣中，需要重複幾次才能順利溝通。

1. 理解的信號

當人們用語言文字或肢體動作傳遞出正面的證據，表示自己懂了，那就是可以互相理解。
在對話中，正面的信號包括：

・點頭：「嗯」、「我曉得了」。
・把對方的話給接下去。
・回答問題。
・用例子把剛剛說的話解釋一次。

這個建構地基的過程會在 3 種同時出現的活動中展開。說話的人和傾聽的人一定要一起爬這座虛擬的階梯：

・**留意**：說話的人會發出聲音、做出手勢，傾聽的人一定要注意這些聲音和手勢。
・**觀察**：說話的人會用聲音和手勢來組成訊息，傾聽的人一定要能辨識這些訊息。
・**理解**：說話的人必須透過這些訊息來表示意見，傾聽的人要做出正確的推論來理解對方的意思。

2. 誤解的信號

情況不明朗的時候，有以下信號就表示有誤會，或是對方沒搞懂：

・猶豫：「呃」。
・重述：「我以為是……」、「你的意思是……」等。
・澄清：提出好問題來消除疑惑，或運用釐清事實法。

這些修補機制會創造新的機會，讓大家能互相理解。

+

問、聽、重複

要更能互相理解，有個簡單的方法來確認自己有沒有搞懂，那就是把對方剛剛告訴自己的事情重複一次。

建構地基
說話和傾聽就是一項聯合活動，就像
跳華爾滋或鋼琴合奏。雙方都要積極
參與每一步才能成功創造共同基礎。

傾聽

共同基礎

說話

理解對方
的意思 ── 3. 理解 ── 表示自己的
意思

辨識訊息 ── 2. 觀察 ── 組織訊息

注意對方的
聲音和手勢 ── 1. 留意 ── 發出聲音、
做出手勢

溝通管道對於創造共同基礎的影響

並非所有的溝通管道對於創造共同基礎有同樣的影響 (Clark and Brennan, 1991)。就算有視訊會議，大幅減少了距離的阻礙，並持續發展沉浸式體驗，但當面對話還是最有效的方式，特別小組、戰情室和危機處理都需要大家共處一室，這就說明了當面會議有多重要，能在大家必須馬上看到效果的時候，快速創造共同基礎。

和面對面互動相比，其他的溝通管道都有些溝通障礙，像是缺少肢體表情等資訊、脈絡資訊、收訊不好、延遲或是收到模糊不清的電子郵件時無法得到即時的說明。這些障礙都會大幅降低我們建立共同基礎、團隊協調的能力。

同步溝通
當團隊的共同基礎需要加強時最好當面、視訊或通話，例如：

· 要展開新活動和新專案時
· 解決問題時
· 執行創意任務時

非同步溝通
若是要持續更新近況，就可以用電子郵件、聊天室和其他非同步媒體，例如：

· 通知大家有變化時
· 共同編輯文件時
· 分享更新狀況時
· 進度回報時

不同類型的媒體會有
不同的溝通成效

+

面對面提出需求和
電子郵件相比，成
功率高了 34 倍。

Vanessa K. Bohns, *Harvard*
Business Review, April 2017

垃圾郵件

廢話

Adapted from Media Richness Theory,
https://en.wikipedia.org/wiki/Media_rich-
ness_theory

當面對話　　視訊會議　　通電話　　載明收件對象　　短訊　　沒有載明收件
　　　　　　　　　　　　　　　　　　的信件、電子　　　　　　對象的海報、
　　　　　　　　　　　　　　　　　　郵件、公文　　　　　　　垃圾訊息

4.2
信任感與心理安全感

更深入艾美・艾德蒙森的研究。

什麼是心理安全感？
心理安全感如何讓團隊
表現得更好？

據艾美‧艾德蒙森的著作，心理安全感是「相信團隊很安全，大家可以採取風險。成員不會因為說出自己的想法、問題、顧慮或錯誤而被處罰或羞辱」。在一個有心理安全感的氣氛下，團隊成員不怕發言；大家投入有生產力的對話，強化積極的學習行為，以瞭解環境、顧客，並有效地一起解決問題。

對於所有走在尖端的企業來說，解決複雜的問題是家常便飯，也是維持營運之所需，必須持續實驗：密集地從錯誤中學習，直到團隊搞對，就定義來說，這就是企業創新的根本。面對不確定的狀況時，有心理安全感的團隊會衝入表現的螺旋中，犯錯不會被看成是失敗，而是實驗與學習的機會。

創造安全感不是要對每個人都好聲好氣，或是降低表現標準，而是要創造出開放的文化，讓隊友可以分享他們的收穫，可以坦言，可以採取風險，可以承認他們「搞砸了」，也願意在自己不堪負荷的時候請求協助。

在 Google 表現最好的團隊裡，大家都有安全感，願意發言、協調、一起實驗。谷歌的人資團隊進行了一場大規模內部研究，強調心理安全感是高表現團隊合作最關鍵的開關。

在這個動盪、複雜、不確定又模糊的世界裡，管理階層一定要重視心理安全感，去創造並維持這樣的氣氛，才能跟上全球競爭的步調。

如艾德蒙森所述，心理安全感不是要當好人或是在表現標準上妥協。每個團隊都會有衝突，但心理安全感讓我們可以把這股能量導向有生產力的互動，也就是有建樹性的歧見、開放地交流想法，並且向不同的觀點學習。同樣地，心理安全感不是要創造出舒服的氣氛，放鬆表現標準，讓大家覺得自己做事不必承擔責任。心理安全感與表現標準是兩個完全不同，但一樣重要的維度，兩者不能偏廢才能達成優異的團隊表現 (Edmondson, 2018)。

A. C. Edmondson, *The Fearless Organization: Creating Psychological Safety in the Workplace for Learning, Innovation, and Growth* (John Wiley & Sons, 2018).

心理安全感與企業表現

高度的心理安全感與高表現
標準都需要才能進入學習
區，達成優異的團隊表現。

舒適區

團隊成員樂於一起共事，但沒有
被工作挑戰，也沒有必要的理由
要投入更多挑戰。

學習區

每個人都可以協調、互相學習、
完成複雜或創新的工作。

冷感區

大家都人在心不在。精力都用來
讓其他人過得很慘。

焦慮區

或許是最難受的工作環境。大家必須要完
成高標準、面對高期待，而且幾乎都要靠
自己，因為大家彼此猜疑，要面對同事時
就很焦慮。

引自 Amy Edmondson。

心理安全感

表現標準

如何迅速評估心理安全感

這 7 個問題可以協助我們確認哪些方面進行得
不錯，哪些方面需要加強。我們建議這項評估
由同樣位階的同事來進行，避免回應有偏誤。

· 單獨回應

每個人花 2 分鐘的時間，單獨回答這 7 個問題，並計
算分數。

· 分享個人的評分

和同事分享你的評分。

· 討論並調查差距

開放討論，透過一個個問題來理解大家不同的觀感。

· 對於可能的行動達成共識

如果找到了需要改進的地方，請針對適合的解決方法
達成共識。下一頁的 4 項外掛工具可以幫上忙。

		強烈不同意	不同意	略不同意	還好	略同意	同意	強烈同意	你的評分
1. 從錯誤中學習	如果你在這個團隊裡犯了錯，通常都會針對你。	7	6	5	4	3	2	1	
2. 有產值的衝突	團隊成員可以提出問題和難關。	1	2	3	4	5	6	7	
3. 多元收穫	團隊成員經常因為彼此的差異而拒絕對方。	7	6	5	4	3	2	1	
4. 加強探索	在這個團隊裡採取風險很安全。	1	2	3	4	5	6	7	
5. 互相支援	很難請這個團隊裡的成員協助。	7	6	5	4	3	2	1	
6. 堅強的夥伴關係	團隊裡沒有人會刻意破壞我的努力。	1	2	3	4	5	6	7	
7. 樂觀貢獻	和團隊成員共事，我獨特的技巧和才華被重視和採用。	1	2	3	4	5	6	7	

總分

原則上，40 分以上就算是好成績。

引自 Amy Edmondson (1999)。

信任感、心理安全感
與其他類似觀念的差異

心理安全感

團隊成員相信這個團隊很安全,大家可以採取
風險,說出自己的想法、問題、顧慮和錯誤而
不會被處罰或羞辱 (Edmondson, 1999)。

+

心理安全感描述的是整個團隊所體驗到的團體氣
氛 (Edmondson, 2018);重點在於大家有多相信
其他人在他們採取風險的時候願意先往好的地方
想 (Edmondson, 2014)。這和信任感有關,但遠
超過信任感。

引自 Frazier et al. (2017)。

賦能

員工在掌握自己的工作時感覺到激勵的狀態
(Spreitzer, 1995)。

參與

每個人把自己的資源和精力投入工作角色和任務時的認知狀態 (Christian, Garza, and Slaughter, 2011; Kahn, 1990)。

信任感

願意對別人的行動表現出脆弱 (Mayer, Davis, and Schoorman, 1995)。

+

信任感是指兩個人之間的互動程度。有些人可能會相信其中一位同事，而不信任其他同事 (Edmondson, 2019)。

4.3
人際關係的類型

演化人類學的視角。

人際關係：4種互動模式

當我們在團隊裡共事的時候，我們不只是在工作，我們也在管理我們和同事的關係。我們會持續地尋求、建立、維持、修補、調整、評論、推斷和約束這些關係。人類學家亞倫·菲斯克相當出色地用4種人與人連結的方式，解構了人際關係的「文法」，稱為關係類型。這4種互動模式之中，每一種都可以組織出參與者分配資源的方式 (Fiske, 1992; Pinker, 2008)。

這4種互動模式分別為：

- **分享**：「我的就是你的，你的就是我的。」大家被歸屬感所驅動，以共識做出決策。伴侶、好友、同盟等社群都是典型的分享模式。
- **權威**：「誰是老大？」大家被權力驅動，而規定和決策都靠權威；有一個人的地位在上位（獲得威望），其他人位於下位（獲得保護）。老闆與屬下、指揮官與士兵、教授與學生等階層結構都是典型的權威模式。
- **互惠**：「每個人都一樣。」大家被公平所驅動，獲得一樣的分量，付出一樣的分量，決策靠投票（一人一票）。社團、共乘、點頭之交等同儕團體都是典型的互惠模式：交換禮物、輪流邀請對方參加活動等。
- **交易**：「論功行賞。」大家被成就感所驅動；根據每個人所發揮的效用、個人的表現和市價等元素來進行交易。企業、股市、買家和賣家的關係等營利活動都是典型的交易模式。

菲斯克所揭露的是：當兩方用同樣的模式互動，一切都很順利。但如果其中一方採取一種模式，另一人採取不同的模式──也就是當互動模式不一致──那就會出問題。更複雜的是，我們從來就不會只用一種模式來和別人互動。我們經常根據情勢和手上的任務來切換模式。最挑戰的就是在不同的模式轉換間成功穿梭，因為每個模式裡的遊戲規則都不同。

A. P. Fiske, "The Four Elementary Forms of Sociality: Framework for a Unified Theory of Social Relations," *Psychological Review* 99, no. 4 (1992): 689.
S. Pinker, M. A. Nowak, and J. J. Lee, "The Logic of Indirect Speech," *Proceedings of the National Academy of Sciences* 105, no. 3 (2008): 833–838.

你的團隊裡，最主要的互動模式是什麼？當時是什麼狀況？

理解並校準互動模式可以協助將無意的失言和摩擦降到最低；遊戲規則在每一種互動模式裡都會變化，大家所期待的行為也有所不同。

團隊合作期待

互動模式	分享 我的就是你的	權威 誰是老大？	互惠 付出與收穫	交易 論功行賞
人類發展階段	嬰兒期	3歲	4歲	9歲
主要動機	歸屬感 ・親密感 ・利他 ・慷慨 ・好心 ・關懷	歸屬感 ・權力 vs. 保護 ・地位、認同 vs. 　順從、忠誠	平等 ・公平待遇 ・嚴謹的公平	成就感 ・功用 ・益處 ・利潤
範例	家人、好友、社團、種族團體、社會運動、開放資源社群	老闆與下屬、指揮官與士兵、教授與學生	室友（差事、請客喝啤酒）、共乘、點頭之交（交換禮物、餐會、生日慶祝）	企業界：買家和賣家、談出最好的條件、獲利、針對合約談判、獲得股利
組織	社群	階層	同儕團體	理性架構的組織
成員的貢獻	每個人根據自己的能力做出貢獻	主管指揮和控制工作	每個人都做一樣的或等量的工作	根據表現和生產力來分配工作
決策流程	共識	權威鏈	投票、抽籤	爭論
資源的所有權	大家共有，沒有誰欠誰	階級愈高，擁有愈多	均分	根據貢獻多寡或投入資本多寡來分配
報酬	一起分享，沒有個人的報酬	根據年資和位階	每個人的報酬都等量	根據市值和個人表現

互動模式交錯：
不是個好主意

如果我們以為對方和我們互動的模式一樣，但實際上不一樣時，那可能會讓情緒高張。在一個模式中合宜的行為，在另一個模式裡可能完全不恰當。每個人都會盡力，但可能會不由自主地冒犯到別人，因為他們互動的模式不同，這就會讓一方感覺到困窘、禁忌或不道德 (Pinker, 2007)。

模式一致　　　　　好朋友
　　　　　　　　（分享＝分享）

吃別人盤子裡的食物

模式不一致　　　　主管
　　　　　　　　（分享≠權威）

S. Pinker, *The Stuff of Thought: Language as a Window into Human Nature* (Penguin, 2007).

顧客
（交易＝交易）

從買賣中獲利

家長
（交易≠享）

在餐廳
（交易＝交易）

出晚餐的錢

在爸媽家
（交易≠分享）

在團隊裡，不一致的互動模式會製造出尷尬的狀況、破壞關係、導致衝突。

泰提是位資深的專業人士，他想要指揮別人，可是大家預設每個人都有同樣的話語聲量。
（權威≠互惠）

這個團隊在等安東尼奧的指示，而他認為他不需要負責任，因為他沒有領主管加給。
（權威≠交易）

蘇珊以為安能力最強，可以帶去見客戶，但其他人以為每個人都可以輪流見客戶。
（交易≠互惠）

一致的互動模式：
對家族企業至關重要

家族企業裡衝突的風險很高。和家庭成員在商業環境裡合作共事會創造出很複雜的關係網。

在家族企業系統裡，成員通常身兼多職（家庭成員、企業負責人、管理者），因此會有不同的價值觀和利益。家庭成員累積愈多角色，就愈可能會跨越不同角色的界線，造成彼此互動模式不一致。大型的家族企業面對這項挑戰的方式是設計出自己的家庭治理模式，來釐清期待，架構每個人的責任。這些通常彙整成家族憲章，這份文件可以讓家族裡的人際關係更正式行於文字，避免關係類型交錯，並將不必要的衝突降至最低。

草擬家庭憲章會需要下功夫、技巧和外部資源。要保持和諧，像店舖、餐廳和手工藝品店等比較小的家族事業，第一步都可以從建立團隊合約開始，定義不同角色的基本遊戲規則。

搜尋關鍵詞：家族企業、家族管理、家族憲章。

妮娜
莎曼珊的女兒、
凱文的姊姊、
家族企業的經營者

凱文
莎曼珊的兒子、
妮娜的弟弟、學生

鮑伯
莎曼珊的爸爸、
妮娜和凱文的祖父、
創辦人、已退休、
擁有股份

莎曼珊
妮娜和凱文的媽媽、
執行長、企業負責人

家庭角色重疊會導致衝突。

鮑伯（分享）——**莎曼珊**（權威）
儘管這一年有傑出的成果，鮑伯還是會長篇大論地建議莎曼珊說，如果是他會怎麼做。

凱文（分享）——**莎曼珊**（交易）
凱文很挫折，因為他姊姊妮娜不讓他用公司的車去參加派對。

凱文（互惠）——**莎曼珊**（交易）
凱文發現他姊姊領了公司獎金之後就更生氣了，因為他連零用錢都不夠。

妮娜（交易）——**莎曼珊**（權威）
妮娜在生媽媽的氣，因為莎曼珊提拔了另一人，搶走妮娜想要的職位。

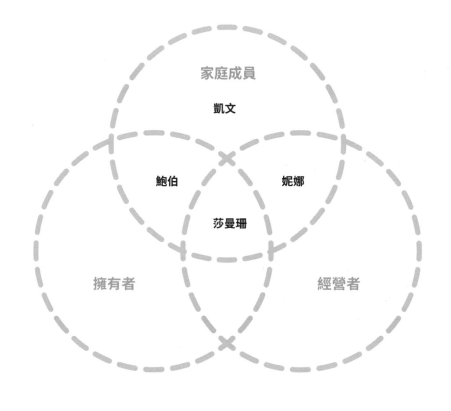

三環模型資料來源：R. Tagiuri and J. Davis, "Bivalent Attributes of the Family Firm," *Family Business Review* 9, no. 2 (Summer 1996), p. 200.

4.4
面子與禮貌

面子理論和互相體諒的兩大關鍵需求。

禮貌：我們的兩大關鍵社交需求

人類學家佩奈洛普‧布朗 (Penelope Brown) 和史蒂芬‧雷文森 (Stephen Levinson)，在他們的著作《禮貌：使用語言時放諸四海皆準的一些原則》(*Politeness: Some Universals in Language Usage*) 以獨到的見解描述了互相體諒的行為。他們以社會學家厄文‧高夫曼 (Erving Goffman) 的研究為基礎，高夫曼以「丟臉」的現象說明每個人一定要為自己掙得正面的社交價值。布朗與雷文森再根據「面子」的概念，發展出非常創新的禮貌理論。

對布朗和雷文森來說，透過禮貌來表示對別人的體諒和在乎，代表這個人會很積極地「做面子」給別人，維護彼此的面子。要給對方面子，就是要照顧到兩種全世界共通的「社交需求」(Brown and Levinson, 1987)：

‧被認同或被重視的需求：別人的行動和行為會反映出我們自己的正面形象。當我們被別人感激、關懷、認同等等，我們就感覺到自己的正面形象；當我們被忽略、否定或在公眾場合難堪，我們就覺得自己的正面形象沒有反映出來。

‧自主與被尊重的需求：保護行動自由、不被別人阻礙或侷限、私領域不被侵犯等需求。當別人問我們可不可以打擾一下、當別人要麻煩我們之前會先道歉，或當別人使用教授、博士、先生、女士等頭銜和敬語來顯示我們的社交地位時，我們就有被尊重的感覺。如果我們早上想喝杯咖啡都不行，必須聽別人抱怨，如果有些事情強加在我們身上，或是當我們被警告和被呼來喚去，我們就覺得自己沒有受到尊重。

根據心理學家史蒂芬‧平克 (Steven Pinker) 表示，這些（幾乎）互斥的需求說明了社交生活的二元性：連結與自主、親密與權利、團結與地位。如果我想做什麼就做什麼，我想要被尊重的需求會被滿足，但我可能不會被其他人重視。想要被重視也想要被尊重就構成了我們的社交基因 (Fiske, 1992)，如果這些需求受到威脅，我們就會豎起防備、很難相處。以布朗和雷文森的觀點來看，表現互相體諒就是要做對的事：選擇對的文字和表達方式把讓彼此丟臉的風險降到最低。換句話說，就是要有禮貌。

搜尋關鍵詞：禮貌理論、布朗和李文森、策略演說家理論、史蒂芬‧平克、禮貌。

當別人願意尊重我們的兩大社交需求，表示
他在乎我們，那我們就會重視對方。我們比
較不喜歡那些不尊重社交需求的人。別人也
一樣。

社交需求必須受到尊重

恭喜！

社交需求必須受到重視

我可以請你跟我來嗎？

怎樣才是公平的流程？

重視和尊重彼此是公平的兩大支柱。有公平作為基礎，團隊才能成長，並落實多元、平等、共榮等理念。

在團隊和組織裡實踐公平的流程，就是要做出決策，讓每個人受尊重與受重視的需求都被公平地看見。歐洲工商管理學院 (Institut Européen d'Administration des Affaires, INSEAD) 的金偉燦 (W. Chan Kim) 與芮妮‧莫伯尼 (Renee Mauborgne) 認為必須採取這 3 項高階原則參與：

‧參與
‧解釋
‧明確的期待

研究證實，當人們相信這套流程會導出重要的決策，最後產生公平的結果，那他們就願意妥協，甚至犧牲個人利益。儘管證據充分，很多管理者還是沒辦法採取公平的流程，因為他們怕自己的權威受到質疑，權力被削弱，結果誤解了流程：公平的流程並不是共識決或職場民主，目標在於滋養和追求最好的想法與概念。

公平的（決策）流程包含 3 大原則

1. 參與

邀請每個人提出意見，鼓
勵他們挑戰彼此的想法，
藉此讓大家涉入決策過程。

搭配工具：

·團隊校準指南

·團隊合約

2. 解釋

釐清最終決策背後的思維。

搭配工具：

·團隊校準指南

·團隊合約

3. 明確的期待

宣告新的遊戲規則，包括
表現的標準、失敗的罰則
和新的職責。

搭配工具：

·團隊合約

W. Kim and R. Mauborgne, "Fair Process," *Harvard Business Review* 75 (1997): 65 –75.

範本

歡迎到網頁 teamalignment.co/downloads 下載空白範本。

團隊校準指南

任務：

期程：

聯合目標 ⊙
具體來說，我們企圖一起達成什麼？

聯合承諾 🤝
誰要和誰做什麼？

聯合資源需求 🔋
我們需要什麼資源？

聯合風險 👁
哪些事情會讓我們無法成功？

Strategyzer

團隊校準指南

聯合目標 ◉	聯合承諾 🤝	聯合資源 🔋	聯合風險 👁
清楚	明確	有	可防可控
↑	↑	↑	↑
中等	中等	中等	中等
↓	↓	↓	↓
不清楚	不明確	缺 ↺	低估 ↺

團隊合約

我們希望團隊遵守哪些規則和行為？
對每個人來說，我們有沒有偏好的工作方式？

團隊：

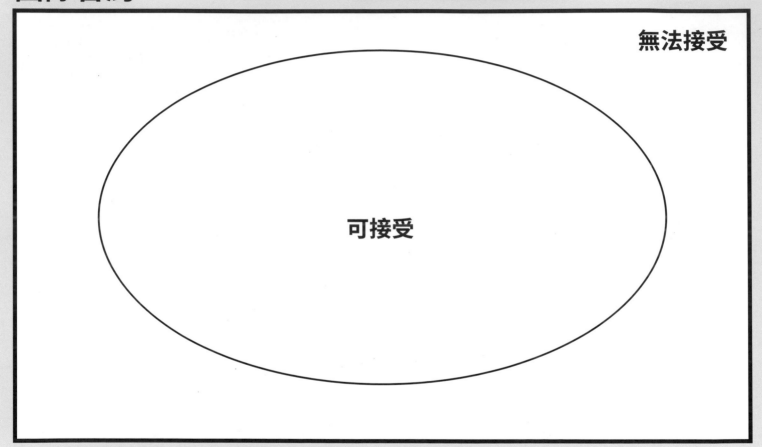

無法接受

可接受

Strategyzer

釐清事實法

預設立場
自行腦補的詮釋、假設或預測

當你聽到 **請問對方**

「他認為……」 你為什麼這麼認為……？

「他相信……」 你怎麼知道……？

「他不／應該……」 有哪些證據顯示出……？

「他喜歡……」 你為什麼會這樣想？

「你／他們要……」

「企業／人生／感情就要……」

狹隘想法
因為想像力有限或責任義務而限縮了選項

當你聽到 **請問對方**

「我一定要……」 如果……會怎樣？

「我們得……」 是什麼讓你無法……？

「我不能……」

「我不……」

「我們不該……」

不完整的事實或經驗
缺乏精準的描述

當你聽到 **請問對方**

「我聽說……」 誰？什麼？

「他們說……」 哪時候？在哪？

「她看到……」 如何？多少？

「我覺得……」 你可不可以更精準？

你說……是什麼意思？

完整的事實

一級事實

即生理上對一個事件或狀況
所觀察到的特質

二級事實

對一級事實的感受
或個人詮釋

以偏概全
把個案當成通則

當你聽到 **請問對方**

「總是」 總是？

「從來沒有」 從來沒有？

「沒有人」 沒有人？

「每個人」 每個人？

「大家」 大家？

你確定？

評論判斷
主觀評價一個事件、狀況或人

當你聽到 **請問對方**

「我是……」 誰說的？

「人生就是……」 會怎樣？

「……很好／很不好」 這為什麼無法接受？

「……很重要」 你有什麼顧慮的事嗎？

「……很簡單／很難」

Strategyzer

尊重卡 得體溝通祕笈

 需要被尊重
表現尊重

用問句代替命令句
你要不要……？

表現質疑
我想你可能不是要……？

委婉地要求
如果可以的話，請……

避免為難對方
我知道你很忙，可是……

表示自己的勉強
我通常不會開口，可是……

道歉
很抱歉打擾你，不過……

承認自己欠對方
如果你願意……，
我會真的很感激。

使用尊稱
先生、女士、小姐、教授、
博士等。

委婉
我在找筆。

請對方體諒
不好意思，但……
我可以跟你借筆嗎？

把要求降到最低
我只是想問問
我可不可以用你的筆。

使用複數來指稱負責的人
我們忘了跟你說，
你昨天就要買機票了。

遲疑
我可不可以，呃，……？

不指涉任何人
不能抽菸。

風險較高的行為
直接命令
打斷
提出警告
禁止
威脅
建議
提醒
指示

需要被重視
表現認同

確認共識
你知道的吧？

注意別人
你一定餓了。
早餐吃完已經過了很久，
要不要去吃中餐？

避免歧見
甲：你不喜歡嗎？
乙：喜歡，我喜歡，嗯，
這比較不合口味，但是很好吃。

預設共識
那，你打算什麼時候
來找我們？

委婉提出意見
你真的應該再試一次。

感謝
非常謝謝你。

祝福
平安，祝你有個
美好的一天。

詢問
你好嗎？一切都好嗎？

讚美
這件毛衣很好看。

預期
你一定餓了吧。

建議
要小心喔。

表現親切
朋友、兄弟、
搭檔、親愛的、
老兄、大家。

風險較高的行為
讓別人難堪
不認同
忽視
公開批評
輕視、嘲弄
開口只談自己
提及禁忌話題
侮辱、指控、抱怨

Ⓤ Strategyzer

非暴力要求法

感受 你的需求沒有被滿足時，會有的負面感受

害怕	困惑	難堪	悲傷
憂慮	矛盾	丟臉	憂鬱
恐懼	疑惑	懊惱	沮喪
擔心	茫然	心慌	絕望
驚恐	猶豫	愧疚	挫折
多疑	迷失	羞愧	失望
恐慌	不解	忸怩	灰心
驚呆	搞糊塗		氣餒
受怕	舉棋不定	**緊繃**	洩氣
疑心	搞不清楚	焦慮	淒涼
畏懼	左右為難	暴躁	陰鬱
謹慎惟恐		不安	無望
忐忑不安	**孤立無援**	苦惱	鬱悶
	冷漠	急躁	不快樂
煩	冷淡	疲憊	內心沈重
惱火	無聊	易怒	
沮喪	冷感	緊張	**不堪打擊**
不爽	脫節	不安	脆弱
不悅	麻木	受不了	防備
氣餒	被分化	不知所措	無助
易怒	被排擠	壓力過大	猜疑
苦惱	抽離	為小事操煩	敏感
不耐煩	沒人關心		有所保留
小題大作	毫無興趣	**痛苦**	不安全感
		苦惱	
怒	**不安**	悲苦	**疲憊**
憤怒	焦躁	喪親	睏意
暴怒	驚嚇	悲傷	疲倦
憤慨	焦慮	心碎	疲勞
生氣	精神刺激	受傷	筋疲力盡
發狂	心神不寧	孤單	氣力全失
懷怨	緊張	悲慘	精力耗竭
被激怒	坐立不安	悔恨	精疲力竭
勃然大怒	震驚	懊悔	毫無活力
	大吃一驚	天崩地裂	無精打采
厭惡	詫異		疲憊不堪
敵意	深受折磨	**渴望**	
反感	混亂	羨慕	
輕視	動盪	嫉妒	
憎惡	令人難受	渴求	
討厭	不自在	懷舊	
憎恨	忐忑不安	盼望	
震驚	手足無措	留戀	
不友善	沮喪難過		
反感			

當你這麼做

_____
觀察

我覺得

_____
感受

我需要的是

_____
需求

可不可以請你

_____?

要求

需求

連結	身體需求	自主
接納	空氣	選擇
鍾愛	食物	自由
欣賞	活動、運動	獨立
歸屬感	休息、睡眠	空間
合作	安全感	隨興
溝通	受保護	
緊密感	接觸	**意義**
社群	水	覺察
陪伴		歌頌生命
憐憫	**誠實**	挑戰
體貼	真誠	清楚
一致穩定	正直	能力
同理心	存在感	意識
包容		貢獻
親密感	**玩樂**	創意
愛	樂趣	發現
互相	幽默	功效
栽培		效果
尊重、自重	**平靜**	成長
安全感	美	希望
保障感	溝通	學習
穩定感	自在	哀悼
支持	公平	參與
理解且被	和諧	使命
理解	鼓舞	表達自我
識格局也被	秩序	激勵
看見		有價值
明白事理		理解
信任		
溫暖		

◎Strategyzer

後記

參考資料

第 1 部：團隊校準指南

任務和期程

Deci, E. L., and R. M. Ryan. (1985). *Intrinsic Motivation and Self-Determination in Human Behavior*. Plenum Press.

Edmondson, A. C., and J. F. Harvey. 2017. *Extreme Teaming: Lessons in Complex, Cross-Sector Leadership*. Emerald Group Publishing.

Locke, E. A., and G. P. Latham. 1990. *A Theory of Goal Setting & Task Performance*. Prentice-Hall Inc.

聯合目標

Clark, H. H. 1996. *Using Language*. Cambridge University Press.

Klein, H. J., M. J. Wesson, J. R. Hollenbeck, and B. J. Alge. 1999. "Goal Commitment and the Goal-Setting Process: Conceptual Clarification and Empirical Synthesis." *Journal of Applied Psychology* 84 (6): 885.

Lewis, D. K. 1969. *Convention: A Philosophical Study*. Harvard University Press.

Locke, E. A., and G. P. Latham. 1990. A *Theory of Goal Setting & Task Performance*. Prentice-Hall.

Schelling, T. C. 1980. *The Strategy of Conflict*. Harvard University Press.

聯合承諾

Clark, H. H. 2006. "Social Actions, Social Commitments." In *Roots of Human Sociality: Culture, Cognition and Human Interaction*, edited by Stephen C. Levinson and N. J. Enfield, 126–150. Oxford, UK: Berg Press.

Edmondson, A. C., and J. F. Harvey. 2017. *Extreme Teaming: Lessons in Complex, Cross-Sector Leadership*. Emerald Publishing.

Gilbert, M. 2014. *Joint Commitment: How We Make the Social World*. Oxford University Press.

Schmitt, F. 2004. *Socializing Metaphysics: The Nature of Social Reality*. Rowman & Littlefield.

Tuomela, R., and M. Tuomela. 2003. "Acting as a Group Member and Collective Commitment." *Protosociology* 18: 7–65.

聯合資源需求

Corporate Finance Institute® (CFI). n.d. "What Are the Main Types of Assets"? https://corporatefinanceinstitute.com/resources/knowledge/accounting/types-of-assets/

聯合風險

Aven, T. 2010. "On How to Define, Understand and Describe Risk." *Reliability Engineering & System Safety* 95 (6): 623–631.

Cobb, A. T. 2011. *Leading Project Teams: The Basics of Project Management and Team Leadership*. Sage.

Cohen, P. 2011. "An Approach for Wording Risks." http://www.betterprojects.net/2011/09/approach-for-wording-risks.html.

Lonergan, K. 2015. "Example Project Risks – Good and Bad Practice." https://www.pmis-consulting.com/example-project-risks-goodand-bad-practice.

Mar, A. 2015. "130 Project Risks" (List). https://management.simplicable.com/management/new/130-project-risks.

Power, B. 2014. "Writing Good Risk Statements." *ISACA Journal*. https://www.isaca.org/Journal/archives/2014/Volume-3/Pages/Writing-Good-Risk-Statements.aspx#f1.

Project Management Institute. 2013. *A Guide to the Project Management Body of Knowledge* (PMBOK® Guide). 5th ed.

評估模式

Avdiji, H., D. Elikan, S. Missonier, and Y. Pigneur. 2018. "Designing Tools for Collectively Solving Ill-Structured Problems." In *Proceedings of the 51st Hawaii International Conference on System Sciences* (January), 400–409.

Avdiji, H., S. Missonier, and S. Mastrogiacomo. 2015. "How to Manage IS Team Coordination in Real Time." In *Proceedings of the International Conference on Information Systems* (ICIS) 2015, December 2015, 13–16.

Mastrogiacomo, S., S. Missonier, and R. Bonazzi. 2014. "Talk Before It's Too Late: Reconsidering the Role of Conversation in Information Systems Project Management." *Journal of Management Information Systems* 31 (1): 47–78.

第 2 部：將指南付諸行動

Corporate Rebels. "The 8 Trends." https://corporate-rebels.com/trends/.

Kaplan, R. S., and D. P. Norton. 2006. *Alignment: Using the Balanced Scorecard to Create Corporate Synergies*. Harvard Business School Press.

Kniberg, H. 2014. "Spotify Engineering Culture Part 1." Spotify Labs. https://labs.spotify.com/2014/03/27/spotifyengineering-culture-part-1/

Kniberg, H. 2014. "Spotify Engineering Culture Part 2." Spotify Labs. https://labs.spotify.com/2014/09/20/spotifyengineering-culture-part-2/

Larman, C., and B. Vodde. 2016. *Large-Scale Scrum: More with LeSS*. Addison-Wesley.

Leffingwell, D. 2018. SAFe 4.5 *Reference Guide: Scaled Agile Framework for Lean Enterprises*. Addison-Wesley.

第 3 部：團隊成員間的信任感

心理安全感

Christian M. S., A. S. Garza, and J. E. Slaughter. 2011. "Work Engagement: A Quantitative Review and Test of Its Relations with Task and Contextual Performance." *Personnel Psychology* 64: 89–136. http://dx.doi.org/10.1111/j.1744-6570.2010.01203.x

Duhigg, C. 2016. "What Google Learned from Its Quest to Build the Perfect Team." *New York Times Magazine*. February 25.

Edmondson, A. 1999. "Psychological Safety and Learning Behavior in Work Teams." *Administrative Science Quarterly* 44: 350–383. http://dx.doi.org/10.2307/2666999

Edmondson, A. C. 2004. "Psychological Safety, Trust, and Learning in Organizations: A Group-Level Lens." In *Trust and Distrust in Organizations: Dilemmas and Approaches*, edited by R. M. Kramer and K. S. Cook, 239–272. Russell Sage Foundation.

Edmondson, A. C. 2018. *The Fearless Organization: Creating Psychological Safety in the Workplace for Learning, Innovation, and Growth*. John Wiley & Sons.

Edmondson, A. C., and J. F. Harvey. 2017. *Extreme Teaming: Lessons in Complex, Cross-Sector Leadership*. Emerald Publishing.

Frazier, M. L., S. Fainshmidt, R. L. Klinger, A. Pezeshkan, and V. Vracheva. 2017. "Psychological Safety: A Meta-Analytic Review and Extension." *Personnel Psychology* 70 (1): 113–165.

Gallo, P. 2018. *The Compass and the Radar: The Art of Building a Rewarding Career While Remaining True to Yourself*. Bloomsbury Business.

Kahn, W. A. 1990. "Psychological Conditions of Personal Engagement and Disengagement at Work." *Academy of Management Journal* 33: 692–724. http://dx.doi.org/10.2307/256287

Mayer, R. C., J. H. Davis, and F. D. Schoorman. 1995. "An Integrative Model of Organizational Trust." *Academy of Management Review* 20: 709–734. http://dx.doi.org/10.5465/AMR.1995.9508080335

Schein, E. H., and W. G. Benni. 1965. *Personal and Organizational Change Through Group Methods: The Laboratory Approach*. John Wiley & Sons.

Spreitzer, G. M. 1995. "Psychological Empowerment in the Workplace: Dimensions, Measurement, and Validation." *Academy of Management Journal* 38: 1442–1465. doi: 10.2037/256865

團隊合約

Edmondson, A. C. 2018. *The Fearless Organization: Creating Psychological Safety in the Workplace for Learning, Innovation, and Growth*. John Wiley & Sons.

Fiske, A. P., and P. E. Tetlock. 1997. "Taboo Trade-Offs: Reactions to Transactions That Transgress the Spheres of Justice." *Political Psychology* 18 (2): 255–297.

釐清事實法

Edmondson, A. C. 2018. *The Fearless Organization: Creating Psychological Safety in the Workplace for Learning, Innovation, and Growth*. John Wiley & Sons.

Kourilsky, F. 2014. *Du désir au plaisir de changer: le coaching du changement*. Dunod.

Watzlawick, P. 1984. *The Invented Reality: Contributions to Constructivism*. W. W. Norton.

Zacharis, P. 2016. *La boussole du langage*. https://www.patrickzacharis.be/la-boussole-du-langage/

尊重卡

Brown, P., and S. C. Levinson. 1987. *Politeness: Some Universals in Language Usage*. Vol. 4. Cambridge University Press.

Culpeper, J. 2011. "Politeness and Impoliteness." In *Pragmatics of Society*, edited by W. Bublitz, A. H. Jucker, and K. P. Schneider. Vol. 5, 393. Mouton de Gruyter.

Fiske, A. P. 1992. "The Four Elementary Forms of Sociality: Framework for a Unified Theory of Social Relations." *Psychological Review* 99 (4): 689.

Lee, J. J., and S. Pinker. 2010. "Rationales for Indirect Speech: The Theory of the Strategic Speaker." *Psychological Review* 117 (3): 785.

Locher, M. A., and R. J. Watts. 2008. "Relational Work and Impoliteness: Negotiating Norms of Linguistic Behaviour." In *Impoliteness in Language. Studies on its Interplay with Power in Theory and Practice*, edited by D. Bousfield and M. A. Locher, 77-99. Mouton de Gruyter.

Pinker, S. 2007. *The Stuff of Thought: Language as a Window into Human Nature*. Penguin.

Pinker, S., M. A. Nowak, and J. J. Lee. 2008. "The Logic of Indirect Speech." *Proceedings of the National Academy of Sciences* 105 (3): 833–838.

非暴力要求法

Hess, J. A. 2003. "Maintaining Undesired Relationships." In *Maintaining Relationships Through Communication: Relational, Contextual, and Cultural Variations*, edited by D. J. Canary and M. Dainton, 103–124. Lawrence Erlbaum Associates.

Kahane, A. 2017. *Collaborating with the Enemy: How to Work with People You Don't Agree with or Like or Trust*. Berrett-Koehler Publishers.

Marshall, R., and P. D. Rosenberg. 2003. *Nonviolent Communication: A Language of Life*. PuddleDancer Press.

McCracken, H. 2017. "Satya Nadella Rewrites Microsoft's Code." *Fast Company*. September 18.

第 4 部：更深入

互相理解與共同基礎

Clark, H. H. 1996. *Using Language*. Cambridge

University Press.

Clark, H. H., and S. E. Brennan. 1991. "Grounding in Communication." Perspectives on Socially *Shared Cognition* 13: 127–149.

De Freitas, J., K. Thomas, P. DeScioli, and S. Pinker. 2019. "Common Knowledge, Coordination, and Strategic Mentalizing in Human Social Life." *Proceedings of the National Academy of Sciences* 116 (28): 13751–13758.

Klein, G., P. J. Feltovich, J. M. Bradshaw, and D. D. Woods. 2005. "Common Ground and Coordination in Joint Activity." In *Organizational Simulation*, edited by W. B. Rouse and K. R. Boff, 139–184. John Wiley & Sons.

Mastrogiacomo, S., S. Missonier, and R. Bonazzi. 2014. "Talk Before It's Too Late: Reconsidering the Role of Conversation in Information Systems Project Management." *Journal of Management Information Systems* 31 (1): 47–78.

"Media Richness Theory." Wikipedia. https://en.wikipedia.org/w/index.php?title=Media_richness_theory&oldid=930255670

信任感與心理安全感

Edmondson, A. 1999. "Psychological Safety and Learning Behavior in Work Teams." *Administrative Science Quarterly* 44 (2): 350–383.

Edmondson, A. C. 2018. *The Fearless Organization: Creating Psychological Safety in the Workplace for Learning, Innovation, and Growth*. John Wiley & Sons.

Edmondson, A. C. 2004. "Psychological Safety, Trust, and Learning in Organizations: A Group-Level Lens." In *Trust and Distrust in Organizations: Dilemmas and Approaches*, edited by R. M. Kramer and K. S. Cook, 239–272. Russell Sage Foundation.

Edmondson, A. C., and A. W. Woolley, A. W. 2003. "Understanding Outcomes of Organizational Learning Interventions." In *International Handbook on Organizational Learning and Knowledge Management*, edited by M. Easterby-Smith and M. Lyles, 185–211. London: Blackwell.

Tucker, A. L., I. M. Nembhard, and A. C. Edmondson. 2007. "Implementing New Practices: An Empirical Study of Organizational Learning in Hospital Intensive Care Units." *Management Science* 53 (6): 894–907.

面子與禮貌

Brown, P., and S. C. Levinson. 1987. *Politeness: Some Universals in Language Usage*. Vol. 4. Cambridge University Press.

Culpeper, J. 2011. "Politeness and Impoliteness." In *Pragmatics of Society*, edited by W. Bublitz, A. H. Jucker, and K. P. Schneider. Vol. 5, 393. Mouton de Gruyter.

Fiske, A. P. 1992. "The Four Elementary Forms of Sociality: Framework for a Unified Theory of Social Relations." *Psychological Review* 99 (4): 689.

Kim, W., and R. Mauborgne. 1997. "Fair Process." *Harvard Business Review* 75: 65–75.

Lee, J. J., and S. Pinker. 2010. "Rationales for Indirect Speech: The Theory of the Strategic Speaker." *Psychological Review* 117 (3): 785.

Locher, M. A., and R. J. Watts, R. J. 2008. "Relational Work and Impoliteness: Negotiating Norms of Linguistic Behaviour." In *Impoliteness in Language. Studies on its Interplay with Power in Theory and Practice*, edited by D. Bousfield and M. A. Locher, 77–99. Mouton de Gruyter.

Pless, N., and T. Maak. 2004. "Building an Inclusive Diversity Culture: Principles, Processes and Practice." *Journal of Business Ethics* 54 (2): 129–147.

Pinker, S. 2007. *The Stuff of Thought: Language as a Window into Human Nature*. Penguin.

Pinker, S., M. A. Nowak, and J. J. Lee. 2008. "The Logic of Indirect Speech." *Proceedings of the National Academy of Sciences* 105, (3): 833–838.

索引

致謝

經過了漫長的旅程，在途中有很多很優秀的人員和團隊協助我們設計、實驗、測試和改良這些工具，最後才終於設計出這本書。我們要謝謝每一位的貢獻與耐心，包容我們無盡的工作坊、反覆的調查，還問了很多沒必要的問題。首先，我們要謝謝數千位早期採用者，他們用了我們最早的概念，讓我們不斷優化、精煉，呈現出現在的作品。

我們很感激史蒂芬妮・密遜涅爾 (Stéphanie Missonier)、哈茲比・艾弗迪吉 (Hazbi Avdiji)、伊夫・比紐赫 (Yves Pigneur)、法蘭絲瓦・庫里爾斯基 (Françoise Kourilsky)、亞德里安・邦格特 (Adrian Bangeter) 以及皮耶・狄倫伯格 (Pierre Dillenbourg) 協助我們進行一開始的學術工作，並且為這些工具的基礎概念做出貢獻。我們要謝謝以下各位在實際工作中運用我們的工具：艾倫・吉安納塔西歐 (Alain Giannattasio)、湯瑪士・史坦納 (Thomas Steiner)、雅絲敏・梅德 (Yasmine Made)、雷諾德・利特 (Renaud Litré)、安東尼奧・卡瑞羅 (Antonio Carriero)、費南多・葉培茲 (Fernando Yepez)、傑米・珍金斯 (Jamie Jenkins)、吉吉・賴 (Gigi Lai)、大衛・布蘭德 (David Bland)、愛文・托雷布蘭卡 (Ivan Torreblanca)、蘇瑪耶・艾嘉森 (Sumayah Aljasem)、荷西一卡羅斯・芭芭拉 (Jose-Carlos Barbara)、伊娃・桑德納 (Eva Sandner)、可菲・克拉格巴 (Koffi Kragba) 與茱莉亞・馮・格拉斯 (Julia van Graas) 參與實驗並協助我們改良早期的原型和手稿。還要謝謝皮耶・辛德臘 (Pierre Sindelar)、東尼・佛特 (Tony Vogt)、摩妮卡・瓦根 (Monica Wagen) 與帕斯卡・安端 (Pascal Antoine) 熱情地挑戰我們的想法和發現，感謝大衛・卡羅 (David Carroll) 在我們想不出書名的時候大力支援。

我們很感激插畫家伯納德・格蘭傑 (Bernard Granger) 和雪費蓮・阿蘇 (Séverine Assous) 致力以美術作品為本書添色，還要特別感謝路易斯・杜卡提倫 (Louise Ducatillon) 幫我們展開這次的美術合作，以及翠西・帕帕達科斯 (Trish Papadakos) 和克里斯・懷特 (Chris White) 完成了令人驚艷的設計工作。我們很感激我們的出版商懷利 (Wiley)，尤其是理查・納拉摩爾 (Richard Narramore)、維多莉亞・安羅 (Victoria Annlo) 和薇琪・艾當 (Vicki Adang) 提供的指引並改善我們的手稿。我們也想要謝謝 Strategyzer 中非常多的合作夥伴：湯姆・菲利普 (Tom Philip)、強納斯・貝爾 (Jonas Baer)、費德利科・蓋林多 (Federico Galindo)、普哲米克・可瓦奇克 (Przemek Kowalczyk)、麥提亞絲・梅斯伯格 (Mathias Maisberger)、凱菲・古帕塔 (Kavi Guppta)、法蘭西斯卡・畢勒 (Franciscan Beeler)、妮琪・柯索尼斯 (Niki Kotsonis)、傑瑞・史提勒 (Jerry Steele)、譚雅・歐柏斯特 (Tanya Oberst)、莎蜜拉・米勒 (Shamira Miller)、帕沃爾・舒考斯基 (Paweł Sułkowski)、亞歷山德拉・查坡利卡 (Aleksandra Czaplicka)、強・福利斯 (Jon Friis)、費德雷克・愛堤坡 (Frederic Etiemble)、麥特・伍德瓦德 (Matt Woodward)、希爾克・賽門斯 (Silke Simons)、丹妮拉・劉特衛勒 (Daniela Leutwyler)、加百列・羅伊 (Gabriel Roy)、大衛・湯瑪士 (Dave Thomas)、娜塔麗・路特 (Natalie Loots)、皮歐特・泡力克 (Piotr Pawlik)、珍娜・史蒂凡諾維克 (Jana Stevanovic)、恬戴依・維奇 (Tendayi Viki)、珍妮絲・蓋倫 (Janie Gallen)、安德魯・馬提涅羅 (Andrew Martiniello)、李・霍金 (Lee Hockin)、連恩・麥可蓋拉格 (Liane McGarragle)、安德魯・麥菲 (Andrew Maffi) 和露西・羅 (Lucy Luo)。

最後，如果少了荷諾拉・杜卡提倫 (Honora Ducatillon) 在編輯過程的每一步持續不懈地挑戰我們、提出意見並且鼓勵我們，這本書就不會是現在的樣子。

史提凡諾、亞歷山大與亞倫

著作團隊

領銜作者
史提凡諾．馬斯楚齊亞科莫
Stefano Mastrogiacomo

史提凡諾．馬斯楚齊亞科莫是管理顧問、教授和作家。他對於協調人類充滿熱情，設計了團隊校準指南、團隊合約、釐清事實法和書中的其他工具。過去 20 多年來他持續領導數位專案，並輔導國際組織裡的專案團隊，同時在瑞士洛桑大學從事教學與研究工作。他的跨領域研究以專案管理、改變管理、心理語言學、演化人類學和設計思考為重心。

teamalignment.co

作者
亞歷山大．奧斯瓦爾德
Alex Osterwalder

亞歷山大是一位卓越的作家、創業家，也受邀演講，他的成就改變了許多大型企業經營的方式，也影響了許多新商業活動的嘗試。亞歷山大名列全球前 50 位管理思想家的第 4 名，同時獲頒 Thinker 50 策略獎。他和伊夫．比紐赫一起發明了商業模式圖、價值定位圖和商業組合圖——這些實用的工具已經廣受百萬商業人士信任。

@AlexOsterwalder
Strategizer.com/blog

創意總監
亞倫．史密斯
Alan Smith

亞倫運用他的好奇心與創意來提出問題，再把答案轉化為簡單、實用的視覺工具。他相信正確的工具會給人信心，設定更高的目標，做出有意義的大事。
他和亞歷山大．奧斯瓦爾德一起創辦了 Strategyzer，和靈感豐富的團隊一起打造精彩的產品。Strategyzer 的書籍、工具和服務廣受全球領先企業所採用。

Strategyzer.com

設計總監
翠西・帕帕達科斯
Trish Papadakos

翠西擁有倫敦中央聖馬丁學院的設計碩士學位以及多倫多約克大學與雪爾頓學院聯合學程的設計學士學位。
她在母校教設計，並且和獲獎的設計公司合作，成立了許多公司，目前和 Strategyzer 團隊進行第 7 次合作。

設計師
克里斯・懷特
Chris White

克里斯是跨領域設計師，目前生活在多倫多。他主要的時間都投入於商業出版品，擔任不同的職位，近期工作包括擔任環球郵報的助理藝術主任，負責出版品與線上刊物的呈現與設計。

插畫家
雪費蓮・阿蘇 Séverine Assous
雪費蓮是位法國插畫家，定居在巴黎，主要作品為童書、出版品和廣告。她的人物讓這本書更加優雅。

布雷克斯波雷克斯 Blexbolex
又名伯納德・格蘭傑 (Bernard Granger)，是插畫家、漫畫家，也是 2009 年金信獎最佳書籍設計得主。他為本書封面創造了圖像，還風趣地以想像力描繪出書中的當代辦公室文化。Illustrious l only.fr

譯者
葉妍伶
曾擔任國家元首口譯，並為政務委員唐鳳撰寫英文講稿。英國愛丁堡大學翻譯碩士。矽谷創業家、Girls inTech 臺灣分會會長。譯有《鏡與窗談判課》、《頂尖名校必修的理性談判課》、《閃電崩盤》、《泛工業革命》等，以及諾拉・羅伯特和史蒂芬・金等多位作家的作品。她這一輩子都在當翻譯。擔任專業會議口譯員時，讓中英文的講者和聽眾可以互相理解；貓咪行為學讓她學會觀察理解貓與人的互動；過去赴矽谷創業，將用戶的需求詮釋成電腦語言；生了孩子之後，取得正向教養師資，翻譯親子的心聲，並製作豐盛冥想，成為美國 NGH 證照催眠師，翻譯潛意識訊息。歡迎聯繫 reneeinterprets@gmail.com

Strategyzer 運用最好的科技和教練方式，支持你面對轉型與成長的挑戰。

想瞭解我們可以為你做什麼，請至 **strategyzer.com**

反覆創造成長

讓 Strategyzer 成長系列叢書助你
有系統、有規模地成長，打造創新
文化、拓產概念產線和專案。

在成長與創新服務領域裡，
Strategyzer 是全球領導者。我們
根據驗證過的方法與搭配科技的服
務，協助全世界各地的企業打造新
的成長引擎。

創造大規模變化

讓 Strategyzer 學院和線上教練輔
導課程為你大規模地打造最尖端的
企業技能。

Strategyzer 對設計最簡單也最好應
用的企業工具，相當自豪。我們協
助採用工具的業界人士更以顧客為
中心、設計出厲害的價值主張、找
到更好的商業模式，並校準團隊。

| 職學堂 |

高績效獲利團隊：優化合作流程＋提升心理安全感 ＝高效學習、有效產出的永續成長團隊

作　　　者	史提凡諾‧馬斯楚齊亞科莫 (Stefano Mastrogiacomo)
	亞歷山大‧奧斯瓦爾德 (Alex Osterwalder)
設　　　計	亞倫‧史密斯 (Alan Smith)
	翠西‧帕帕達科斯 (Trish Papadakos)
譯　　　者	葉妍伶
責任編輯	翁英傑
發 行 人	劉振強
出 版 者	三民書局股份有限公司
地　　　址	臺北市復興北路 386 號 (復北門市)
	臺北市重慶南路一段 61 號 (重南門市)
電　　　話	(02)25006600
網　　　址	三民網路書店 https://www.sanmin.com.tw
出版日期	初版一刷 2023 年 1 月
書籍編號	S493800
Ｉ Ｓ Ｂ Ｎ	978-957-14-7539-4

國家圖書館出版品預行編目資料

高績效獲利團隊：優化合作流程＋提升心理安全感＝
高效學習、有效產出的永續成長團隊／史提凡諾‧馬
斯楚齊亞科莫(Stefano Mastrogiacomo),亞歷山大‧奧
斯瓦爾德(Alex Osterwalder)著;葉妍伶譯.——初版一
刷.——臺北市：三民，2023
　　面；　　公分.——（職學堂）
　　譯自：High-Impact Tools for Teams: 5 Tools to Align
Team Members, Build Trust, and Get Results Fast
　　ISBN 978-957-14-7539-4（平裝）
　　1. 企業領導 2. 企業組織 3. 組織管理
494.2　　　　　　　　　　　　　　111015236

三民書局